개념과 유형으로 익히는 **매스티안**

사고력 연산

EGG 에그

10까지의 수 / 덧셈과 뺄셈

개념과 유형으로 익히는 매스티안

사고력 연산 EGG 에그

10까지의 수 / 덧셈과 뺄셈

이 책에서는 초등학교 1학년 과정에서 배우는 10까지의 수 개념을 이해하고, 수를 이용하여 물건의 수량을 나타내거나 수의 순서를 익히고 수의 크기를 비교해 보는 내용을 학습합니다. 또한 10까지의 수에서 수를 모으기와 가르기 하는 다양한 유형의 활동을 통하여 수의 구조와 관계를 이해하게 됩니다. 모으기와 가르기를 하며 익힌 수의 관계를 이용하여 일상생활 속에서 접할 수 있는 다양한 상황을 통해 10까지의 수 범위에서 덧셈식과 뺄셈식을 표현해 보는 경험도 가지게 됩니다. 이렇게 다양한 활동을 통하여 아이들은 기초적인 수 개념뿐만 아니라 연산 감각을 익히고 스스로 해결할 수 있는 수준의 다양한 사고력 문제들을 하나씩 해결해 가면서 문제 해결 능력을 기를 수 있습니다.

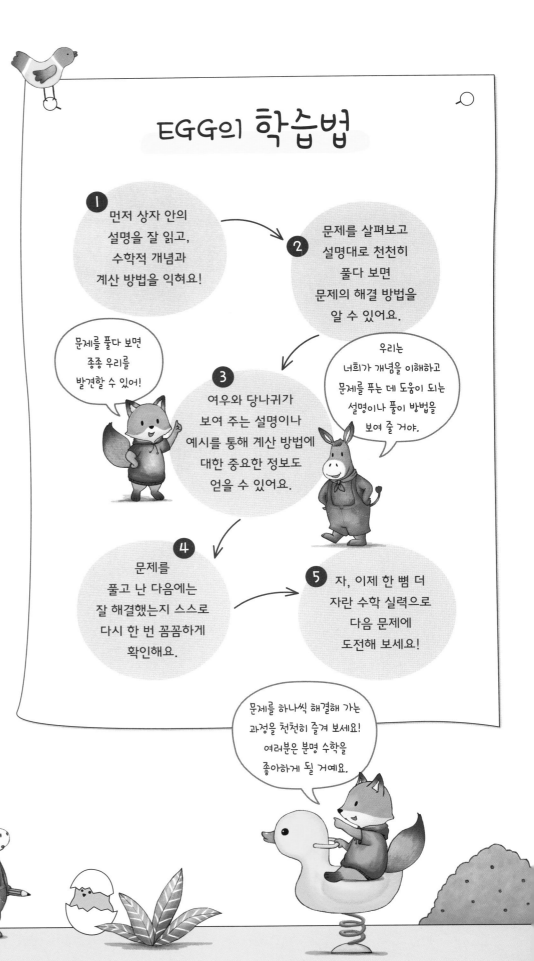

EGG의 학습법

1 먼저 상자 안의 설명을 잘 읽고, 수학적 개념과 계산 방법을 익혀요!

2 문제를 살펴보고 설명대로 천천히 풀다 보면 문제의 해결 방법을 알 수 있어요.

문제를 풀다 보면 종종 우리를 발견할 수 있어!

우리는 너희가 개념을 이해하고 문제를 푸는 데 도움이 되는 설명이나 풀이 방법을 보여 줄 거야.

3 여우와 당나귀가 보여 주는 설명이나 예시를 통해 계산 방법에 대한 중요한 정보도 얻을 수 있어요.

4 문제를 풀고 난 다음에는 잘 해결했는지 스스로 다시 한 번 꼼꼼하게 확인해요.

5 자, 이제 한 뼘 더 자란 수학 실력으로 다음 문제에 도전해 보세요!

문제를 하나씩 해결해 가는 과정을 천천히 즐겨 보세요! 여러분은 분명 수학을 좋아하게 될 거예요.

EGG의 구성

이 책의 내용 1-1

같은 수 찾기

1 수를 세어 보고 같은 것끼리 이어 보세요.

2 수가 같은 것끼리 이어 보세요.

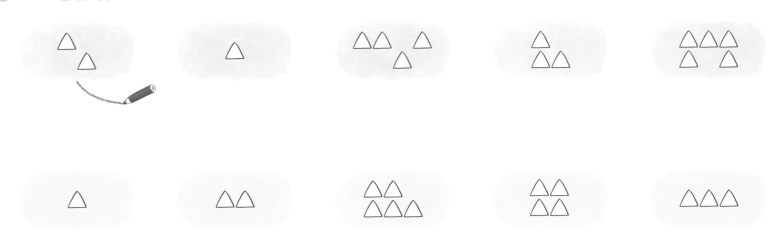

3 같은 수를 나타내는 것끼리 이어 보세요.

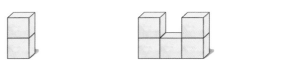

4

4 같은 수를 나타내는 것끼리 이어 보세요.

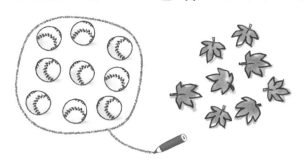
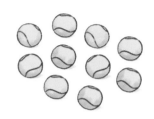

5 같은 수를 나타내는 것끼리 잇고 수만큼 △를 그려 보세요.

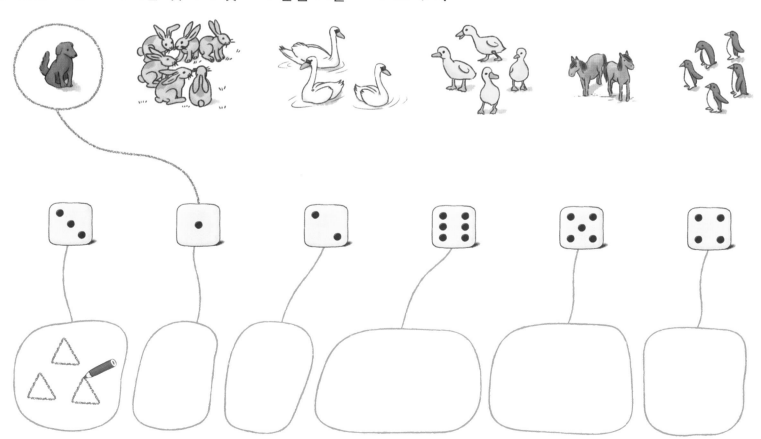

같은 수만큼 나타내기

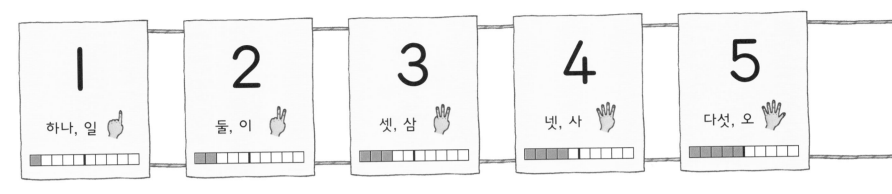

1	2	3	4	5
하나, 일	둘, 이	셋, 삼	넷, 사	다섯, 오

1 같은 수를 나타내는 것끼리 이어 보세요.

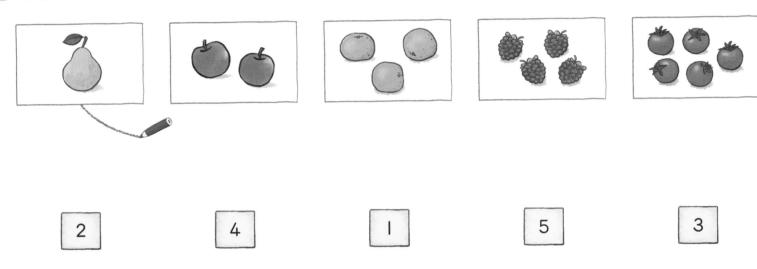

2   4   1   5   3

2 알맞은 수에 ○표 하세요.

1) 3 4 5
2) 5 6 7
3) 4 5 6
4) 6 7 8

3 그림을 보고 같은 수만큼 ○를 그려 보세요.

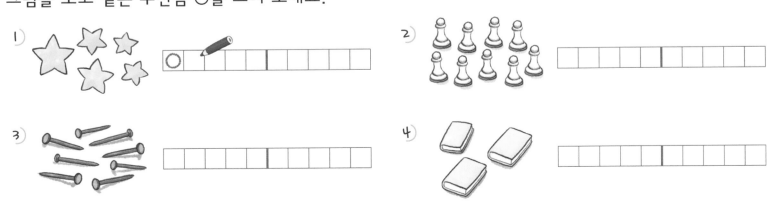

4 수를 세어 써 보세요.

1)

2)

3)

4)

5)

6)

7)

8)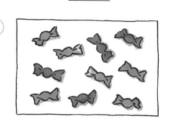

5 편 손가락의 수만큼 ○를 그려 보세요.

1)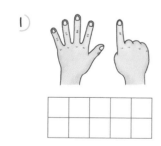

2)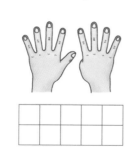

3)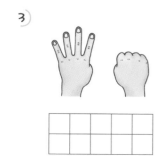

4)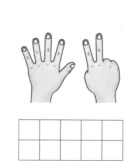

6 수를 세어 써 보세요.

1) 2) 3)

4) 5) 6)

7) 8)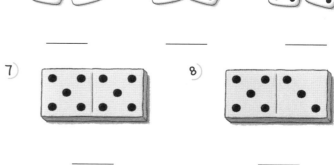

수 세기

1 1)

색칠한 칸의 수는?

7 ___

___ ___

___ ___

2)

___ ___ ___

___ ___ ___

3

___

___

___

___

2

4 8 7 6 5 10

3

4 ___ ___

___ ___

4 동물의 다리는 몇 개일까요?

1)  ___개

2)  ___개

3)  ___개

4)  ___개

8

5 농장에 있는 동물의 수를 세어 다음과 같이 나타내었어요. 동물의 수를 빈칸에 써넣으세요.

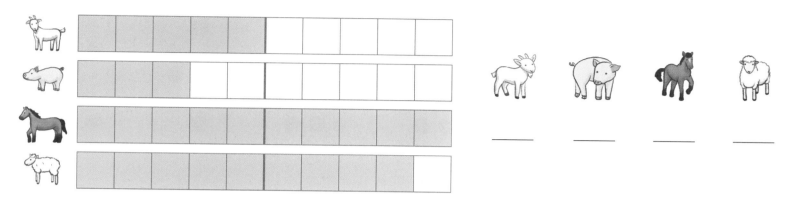

6 바구니 안에 있는 동물의 수를 세어 써 보세요.

7 몇 개일까요?

 ____개   ____개   ⚽ ____개   ◯ ____개   🏸 ____개   ▭ ____개

수 읽고 쓰기

1 ●의 수를 세어 쓰고, 같은 수를 나타내는 것끼리 이어 보세요.

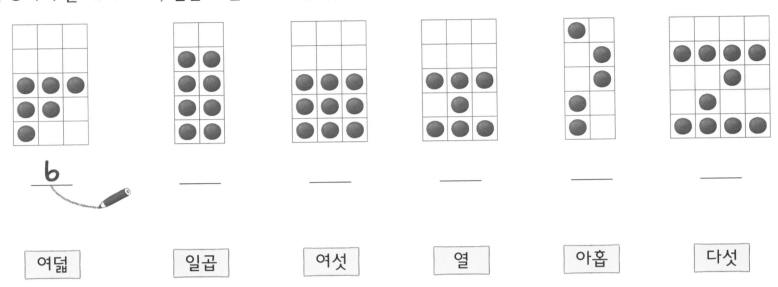

6 ＿＿＿ ＿＿＿ ＿＿＿ ＿＿＿ ＿＿＿

| 여덟 | 일곱 | 여섯 | 열 | 아홉 | 다섯 |

2 알맞은 그림에 ○표 하세요.

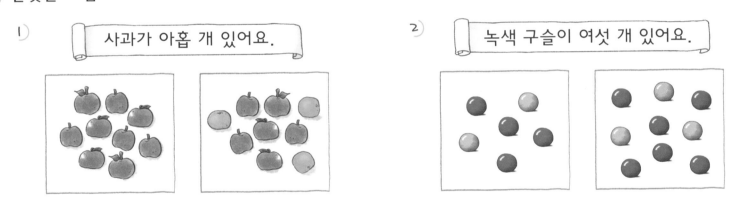

1) 사과가 아홉 개 있어요.

2) 녹색 구슬이 여섯 개 있어요.

3 같은 수를 나타내는 것끼리 만나도록 도미노를 그려 넣으세요.

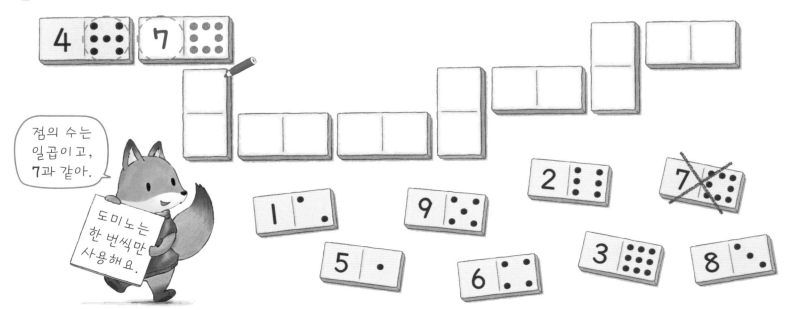

점의 수는 일곱이고, 7과 같아.

도미노는 한 번씩만 사용해요.

4 같은 수를 나타내는 것끼리 선으로 이어 보세요.

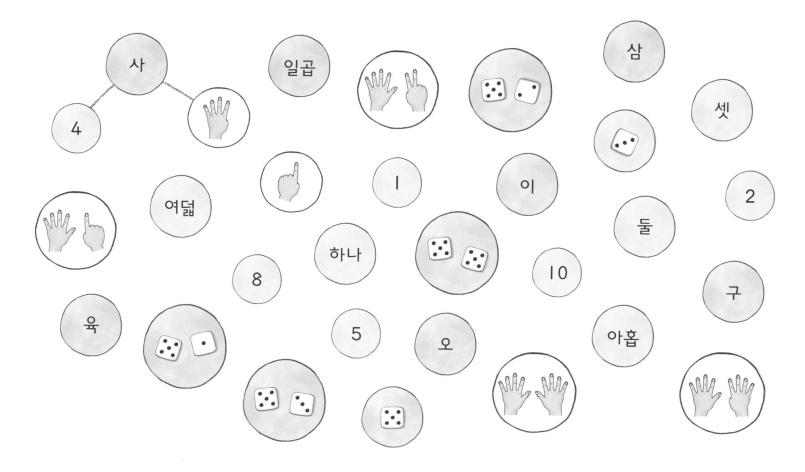

5 그림을 보고 수를 어떻게 읽어야 하는지 ◯표 하세요.

1) 🌳가 5(오, 다섯)그루 있어요.   2) 🪣가 7(칠, 일곱)개 있어요.   3) 👦이 6(육, 여섯)명 있어요.

4) 🌼이 9(구, 아홉)송이 있어요.   5) 🐦가 10(십, 열)마리 있어요.

같은 수만큼 나타내기

1 쌓기나무의 수만큼 ●을 그려 보세요.

2 그림을 보고 같은 수만큼 ○를 그려서 나타내어 보세요.

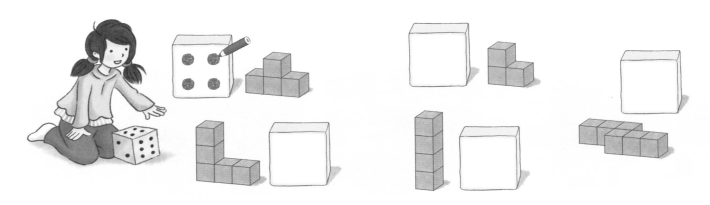

3 과일의 수만큼 선을 그어 나타내어 보세요.

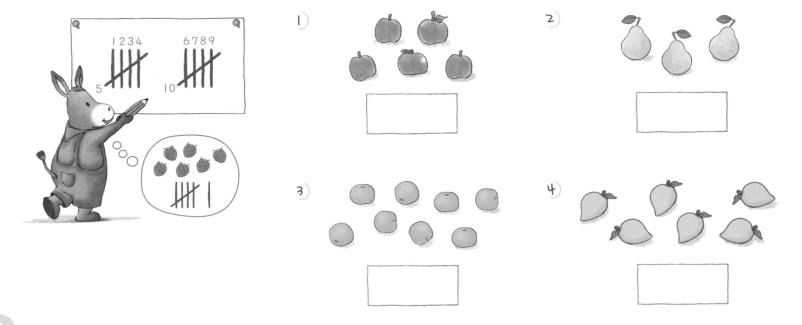

4 주어진 수를 그림에서 찾아 같은 색으로 칠해 보세요.

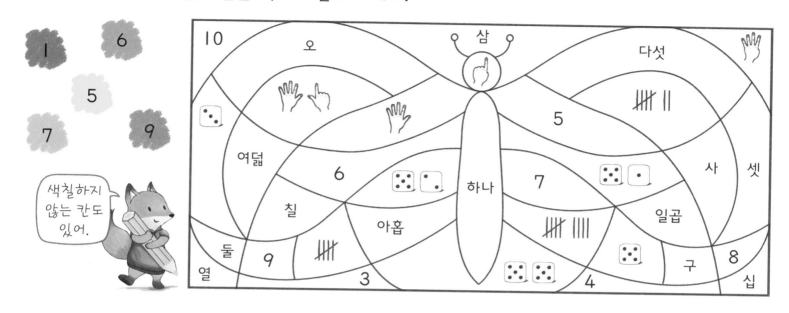

색칠하지 않는 칸도 있어.

5 책상 위에 있는 것이 모두 같은 수를 나타내도록 빈 곳을 알맞게 채워 보세요.

6 동물의 수를 여러 가지 방법으로 나타내어 보세요.

13

여러 가지 기준으로 세기

1 같은 모양을 찾아 같은 색으로 칠하고 수를 세어 써 보세요.

1)

2)

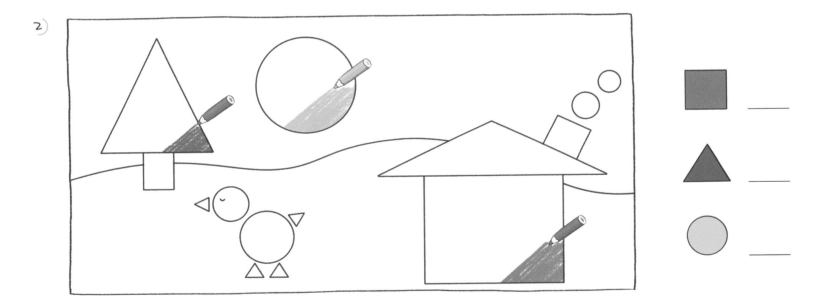

2 수를 세어 써 보세요.

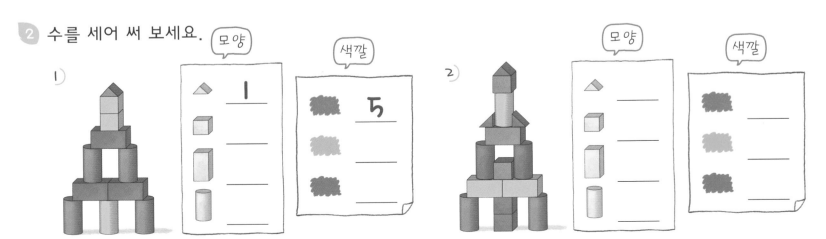

여러 가지 기준으로 세기

③ 수를 세어 써 보세요.

🐱	🦆	🐂

☁️	🐄	🐄

④) 날고 있는 새는 몇 마리입니까?

_____마리

문제를 잘
읽고 세어 봐.

2) 노란 새는 몇 마리입니까?

_____마리

3) 새는 모두 몇 마리입니까?

_____마리

4) 앉아 있는 새는 몇 마리입니까?

_____마리

⑤ 알맞은 그림에 ☑표 하세요.

) 탁자 위에 컵이 8개 있어요.

☐    ☐

2) 주차장 안에 자동차가 6대 있어요.

☐    ☐

수만큼 나타내기

1 수만큼 ○를 그려 보세요.

1)

2)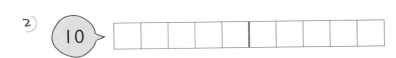

3)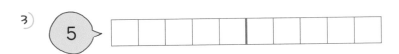

4)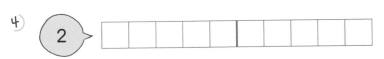

5)

6)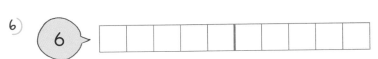

2 수만큼 색칠해 보세요.

1) 3

2) 7

3 수만큼 묶어 보세요.

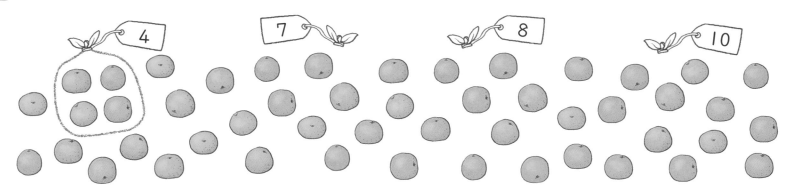

4

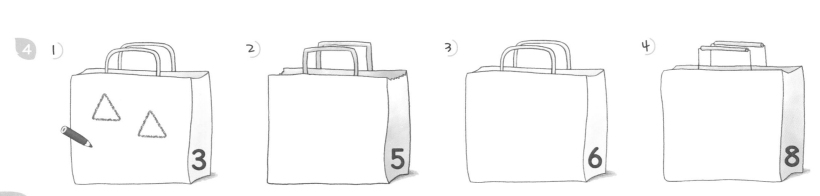

5 수만큼 선을 그어 나타내어 보세요.

7
₩ Ⅱ

1) | 5 |
|---|
| |

2) | 4 |
|---|
| |

3) | 8 |
|---|
| |

4) | 10 |
|---|
| |

5) | 9 |
|---|
| |

6 주어진 수만큼 되도록 그림을 더 그려 보세요.

1) 7

2) 3

3) 6

7 수만큼 자유롭게 색칠해 보세요.

아홉

셋

다섯

일곱

여덟

열

넷

여섯

8

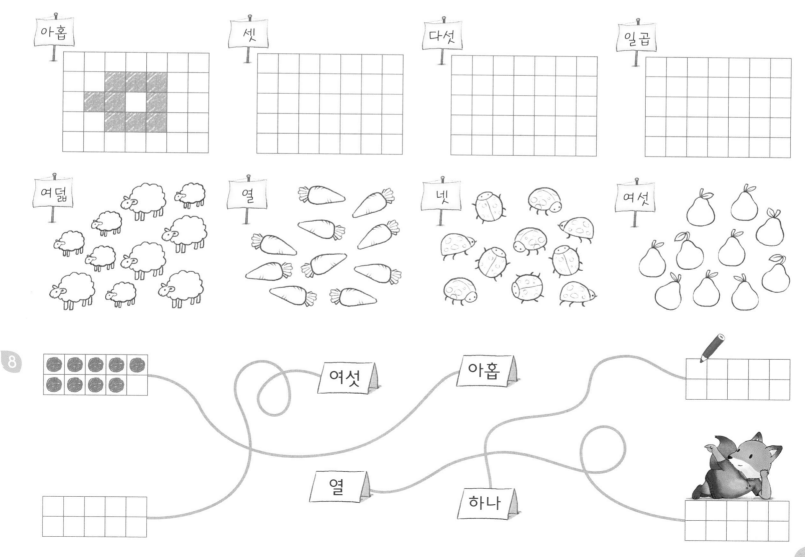

여섯

아홉

열

하나

17

수만큼 나타내기

1 수만큼 모양을 그려 보세요.

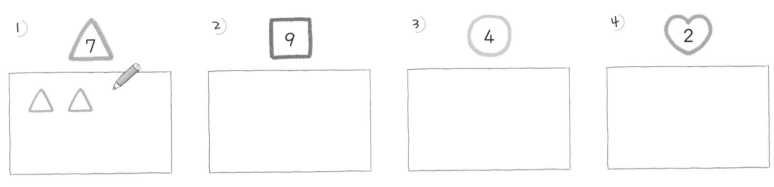

1) △ 7
2) □ 9
3) ○ 4
4) ♡ 2

2 구슬을 그려서 목걸이를 만들어 보세요.

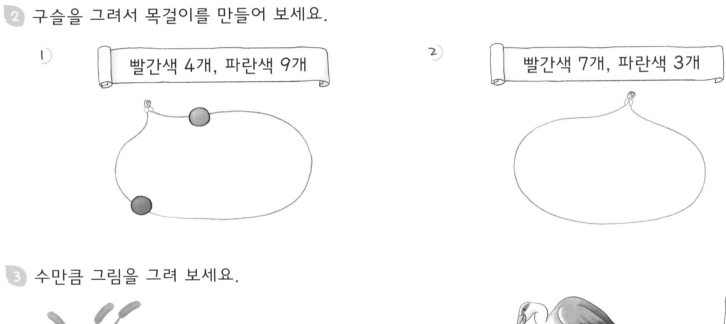

1) 빨간색 4개, 파란색 9개

2) 빨간색 7개, 파란색 3개

3 수만큼 그림을 그려 보세요.

육

하나

3

이

4 구슬이 주어진 수만큼 남도록 ✕표 하여 지워 보세요.

1)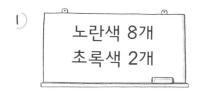
노란색 8개
초록색 2개

2)
노란색 5개
초록색 6개

5 알맞게 색칠해 보세요.

1)

5   5   4

2)

6   2   3

몇째일까요

1	2	3	4	5	6	7	8	9	10
첫째	둘째	셋째	넷째	다섯째	여섯째	일곱째	여덟째	아홉째	열째

1️⃣ 수를 순서대로 쓰고 차례대로 순서를 말해 보세요.

첫째	둘째	셋째	넷째	다섯째	여섯째	일곱째	여덟째	아홉째	열째
1	2								

2️⃣ 순서에 맞는 그림을 찾아 ○표 하세요.

1) 다섯째

2) 여덟째

3) 열째

3️⃣ 관계있는 것끼리 이어 보세요.

4	2	1	6	3	8	5	10	7	9

둘째　넷째　셋째　여섯째　첫째　다섯째　일곱째　여덟째　아홉째　열째

4 알맞게 색칠해 보세요.

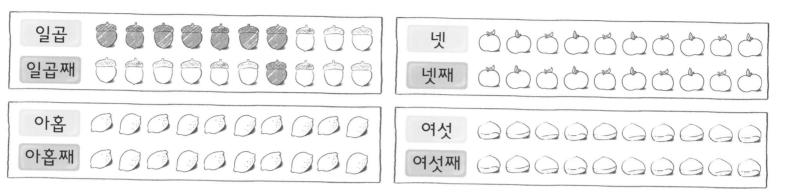

| 일곱 |
| 일곱째 |

| 넷 |
| 넷째 |

| 아홉 |
| 아홉째 |

| 여섯 |
| 여섯째 |

5 그림을 그리고 알맞게 색칠해 보세요.

 여덟 개의 사탕이 한 줄로 놓여 있어요.
파란색 사탕은 왼쪽에서 둘째예요.

 다섯 개의 사과가 한 줄로 놓여 있어요.
오른쪽에서 첫째 사과는 빨간색이에요.

 일곱 장의 카드가 한 줄로 놓여 있어요.
노란색 카드는 왼쪽에서 다섯째예요.

6 순서에 맞게 이어 보세요.

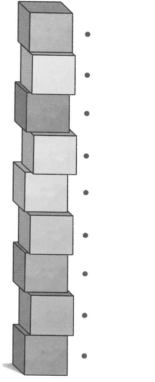

- 위에서 둘째
- 아래에서 첫째
- 아래에서 일곱째
- 위에서 여섯째
- 위에서 넷째
- 아래에서 셋째

7 이야기에 맞게 색칠해 보세요.

1) 노란색 나비는 앞에서 여섯째, 보라색 나비는 뒤에서 일곱째야.

2) 파란색 책은 위에서 셋째, 분홍색 책은 아래에서 다섯째야.

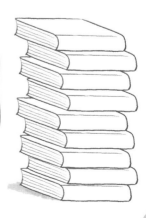

여러 가지 수

1 ◯ 안에 순서를 나타내는 수를 써 보세요.

1)

2)

2 관계있는 것끼리 선으로 이어 보세요.

모두 아홉 명이
달리고 있고,
5번 친구가
첫째로 달리고 있어.

셋째로 달리는
친구는 빨간색 옷을
입었어.

8번 친구는
다섯째로
달리고 있어.

③ 이야기에 맞게 ○를 그려서 모두 몇 명인지 구해 보세요.

1)

나는 앞에서 셋째, 뒤에서 넷째에 서 있어.

☐ 명

2)

나는 앞에서 일곱째, 뒤에서 둘째에 서 있어.

☐ 명

④ 그림을 보고 잘못된 내용을 찾아 ✕표 하고 바르게 고쳐 보세요.

1) 모두 8명의 선수가 달리기를 하고 있어요.

2) 1번 선수가 첫째로 달리고 있어요.

3) 7번 선수보다 빨리 달리고 있는 선수는 7명이에요.

4) 4번 선수는 뒤에서 넷째로 달리고 있어요.

5) 앞에서 둘째로 달리는 선수는 2번 선수예요.

⑤ 어느 칸에 넣어야 할까요? 서랍에 알맞은 이름을 써넣으세요.

자는 아래에서 첫째,
연필은 위에서 넷째,
지우개는 아래에서 셋째,
풀은 위에서 첫째,
가위는 위에서 둘째 칸에
넣을 거야.

자

수의 순서 알기

1 순서에 맞게 수를 써넣으세요.

2 순서에 맞게 선으로 이어 보세요.

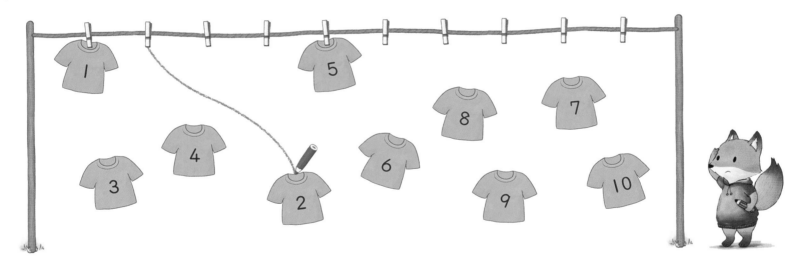

3 1부터 10까지의 수를 순서대로 이어 보세요.

1)

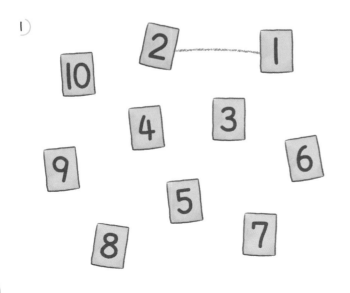

2)

1		7	8
2	5	6	9
3	4		10

3)

		5	6	7
1	4	9	8
2	3	10	

4)

1	2	3	
10		4	5
9	8	7	6

5)

	1	2	
9	8	3	4
10	7	6	5

4 1부터 10까지의 수를 순서대로 이어 그림을 완성하세요.

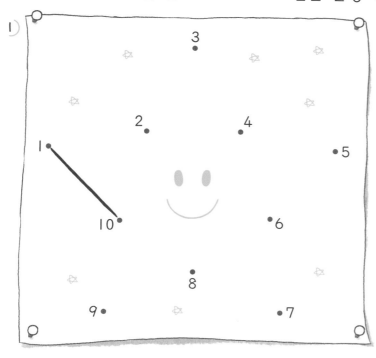 

5 순서에 맞게 수를 써넣으세요.

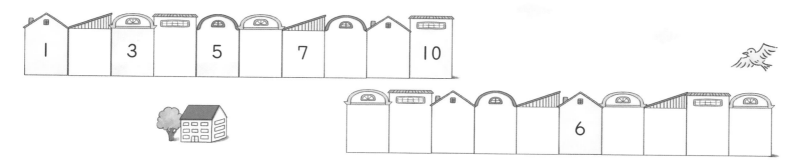

6 순서대로 수를 쓰고 같은 수가 적힌 색연필의 색으로 양말을 칠해 보세요.

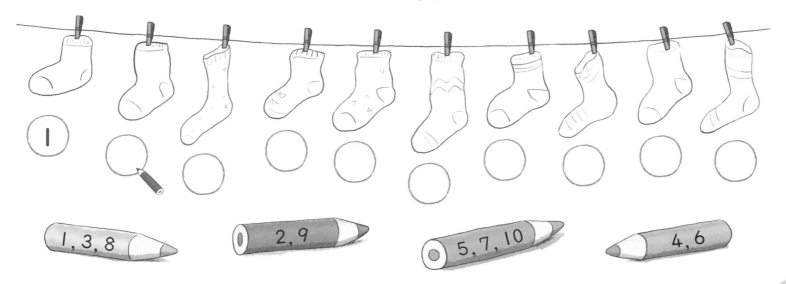

수의 순서

1 순서에 맞게 선으로 이어 보세요.

③ ① ② ④ ⑥ ⑤ ⑦ ⑨ ⑩ ⑧

2 순서에 맞게 수를 써넣으세요.

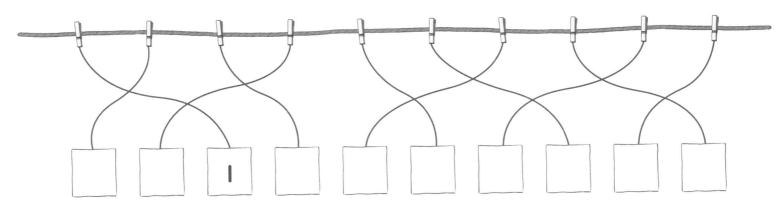

3 1부터 10까지의 수를 순서대로 이어 보세요.

빨간색 점을
먼저 잇고
파란색 점을
이어 봐.

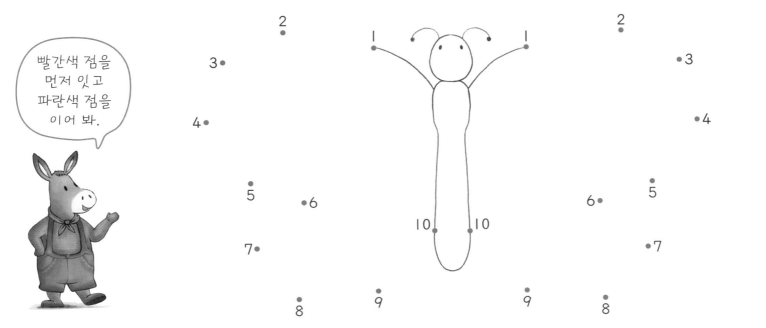

4 순서에 맞게 수를 써넣고 사자, 곰돌이, 코알라의 순서를 써 보세요.

| 1 | | | | | | | | | |

사자 ___   곰돌이 ___   코알라 ___

5 수를 순서대로 따라가 보세요.

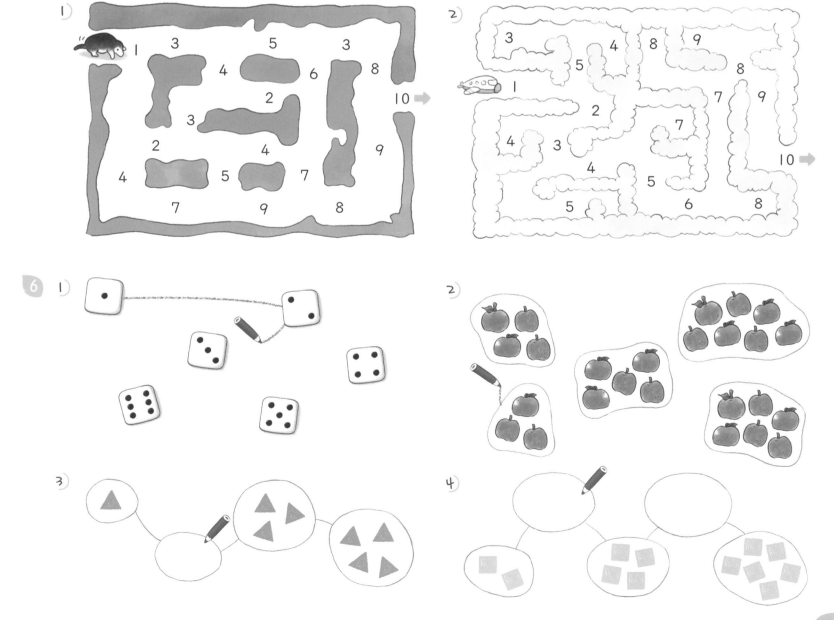

수의 순서

1 순서에 맞게 수를 써넣으세요.

1	2		4		6			9				7	8	

	3		5	6				3	4		

	1			5			6		8		

	6					3	4			7		

2 순서에 맞게 수를 써넣으세요.

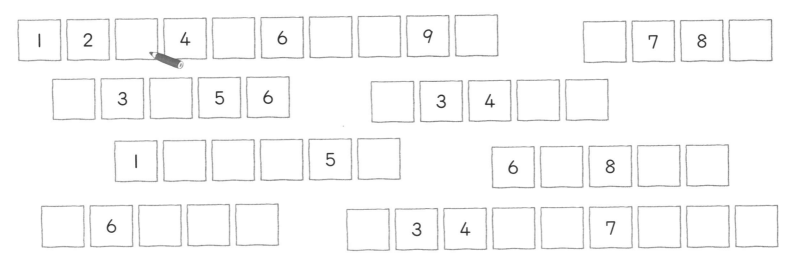

3

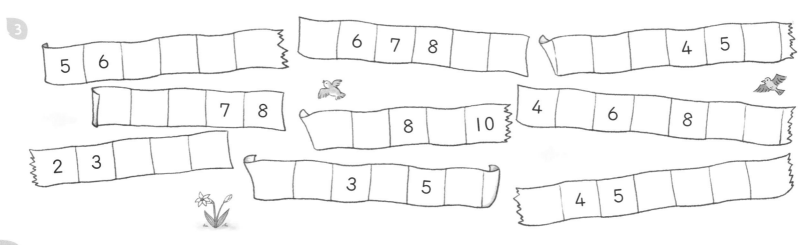

4 순서에 맞게 수를 써넣으세요.

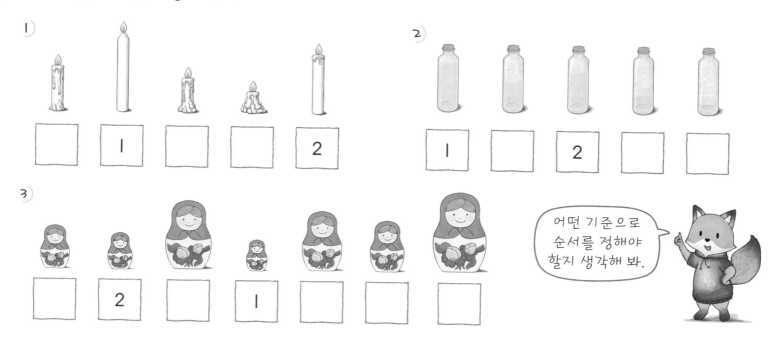

어떤 기준으로 순서를 정해야 할지 생각해 봐.

5 수를 순서대로 지나 미로를 빠져나가도록 선으로 이어 보세요.

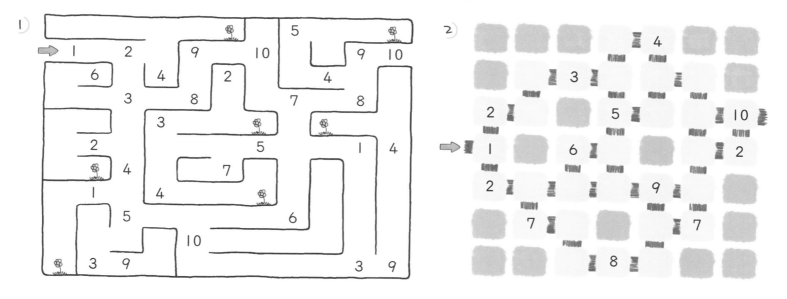

6 공에 적힌 수를 2부터 순서대로 써 보세요.

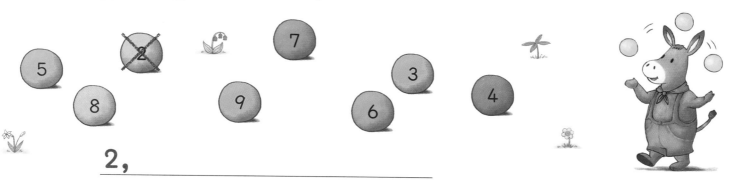

2,

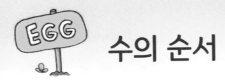

수의 순서

1

1)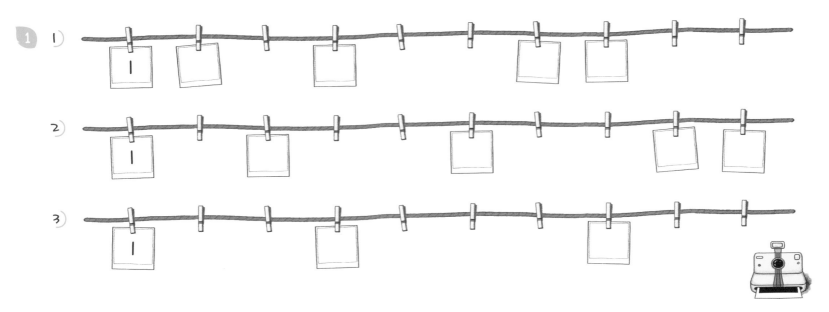

2 수의 순서에 맞게 풍선에 알맞은 수를 써넣고, 공에 적힌 수의 위치를 찾아 선으로 이어 보세요.

3 1부터 수를 순서대로 색칠하고, 두 번 들어간 수를 찾아 ×표 하세요.

4 주어진 수를 1부터 순서대로 쓰고, 빠진 수 하나를 찾아보세요.

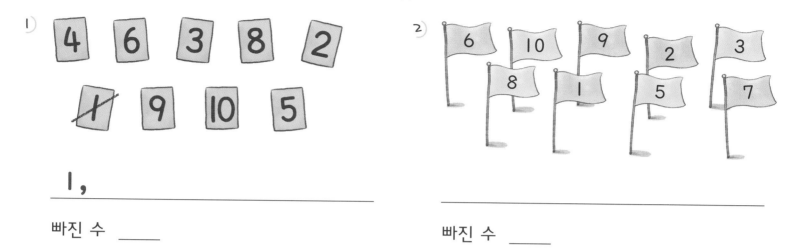

1) 4 6 3 8 2 ~~1~~ 9 10 5

1, ＿＿＿＿＿＿＿＿＿＿＿＿＿＿＿

빠진 수 ＿＿＿

2)

빠진 수 ＿＿＿

5 순서에 맞지 않는 수 하나를 찾아 색칠하고 알맞은 위치로 옮겨 보세요.

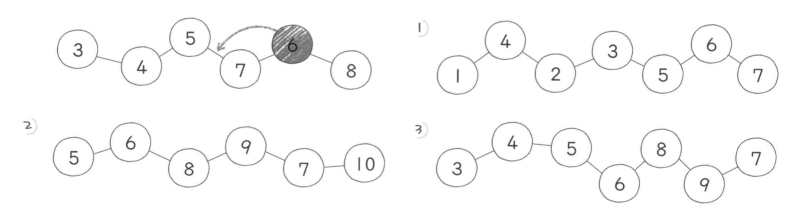

6 순서가 서로 바뀐 두 수를 찾아 ○표 하세요.

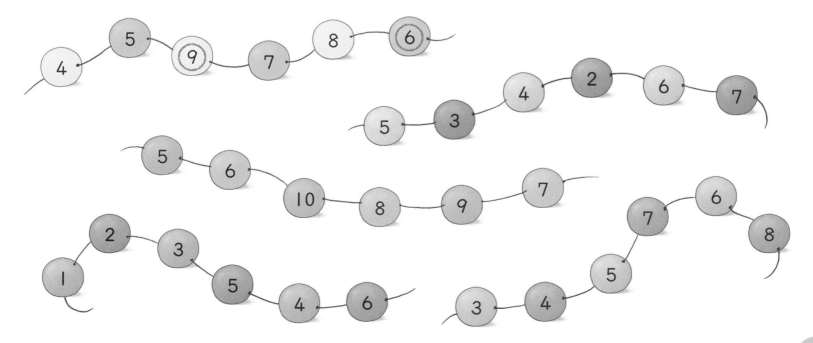

수의 순서를 거꾸로

1 순서를 거꾸로 하여 수를 써넣으세요.

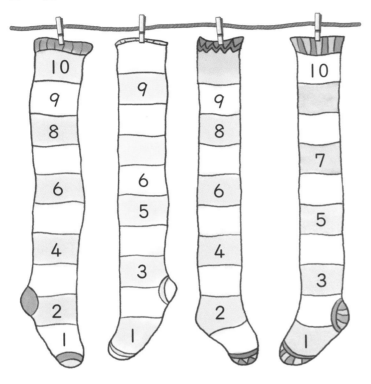

2 순서를 거꾸로 하여 10부터 1까지의 수를 이어 보세요.

1)

10	9	
	8	7
4	5	6
3	2	1

2)

		10
1	8	9
2	7	6
3	4	5

3)

8	7	
9	6	5
10		4
1	2	3

4)

7	8	
6	9	10
5	4	3
	1	2

3 순서를 거꾸로 하여 수를 써넣으세요.

1)

2)

3)

4)

5)

6)

7)

8)

9)

10)

4 순서를 거꾸로 하여 수를 써넣으세요.

1)

| 4 | 7 | 3 | 8 | 2 | 1 | 6 | ~~10~~ | 5 | 9 |

_10_, ____, ____, ____, ____, ____, ____, ____, ____, ____

2)

5 순서를 거꾸로 하여 수를 이어 보세요.

1)

2)

1 큰 수와 1 작은 수

1 동물의 수보다 1 큰 수와 1 작은 수를 각각 써넣으세요.

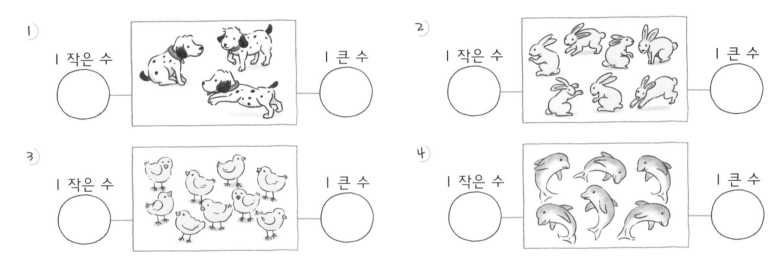

2 점의 수보다 1 큰 수에 ○표, 1 작은 수에 △표 하세요.

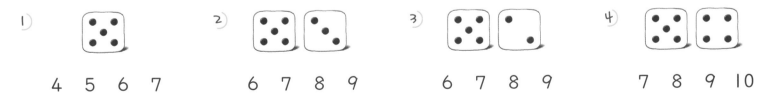

1)	2)	3)	4)
4 5 6 7	6 7 8 9	6 7 8 9	7 8 9 10

3 주어진 수보다 1 큰 수는 오른쪽, 1 작은 수는 왼쪽에 써넣으세요.

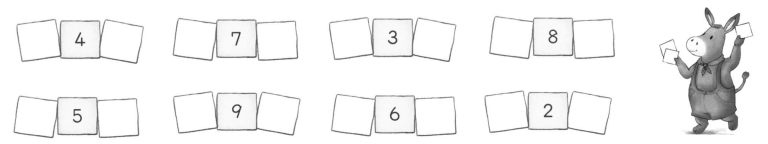

4 빈칸에 알맞은 수를 써넣으세요.

1)

4 ____ ____ ____ ____

아무것도 없는 것을 0이라 쓰고 영이라고 읽어.

2)

3)

____

____

5

Ⅰ 작은 수		Ⅰ 큰 수

7

	2	
	5	
	1	

3		
	8	
		7

	9	
		2
2		

6 Ⅰ 큰 수 또는 Ⅰ 작은 수를 따라 선으로 잇고 마지막에 만나는 수에 ○표 하세요.

1)

→ 2	3	5	6	8
0	4	3	2	7
5	6	7	1	4
4	2	1	0	9
1	3	4	3	2

2)

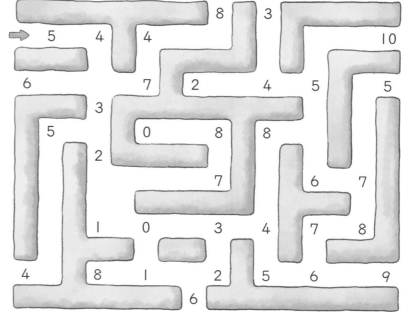

두 수의 크기 비교하기

생선은 물개보다 많습니다.
6은 4보다 큽니다.

물개는 생선보다 적습니다.
4는 6보다 작습니다.

1️⃣ 그림을 보고 빈칸에 알맞은 수를 써넣으세요.

① ⭐⭐⭐⭐⭐⭐⭐ ___

🍥🍥🍥🍥🍥🍥 ___

___은 ___보다 큽니다.

___은 ___보다 작습니다.

② 🖍🖍🖍🖍 ___

✏✏✏✏✏ ___

___는 ___보다 큽니다.

___는 ___보다 작습니다.

2️⃣ 수만큼 ○를 그리고 두 수의 크기를 비교해 보세요.

고양이
강아지

고양이는 강아지보다 (많습니다, 적습니다).

4는 ___보다 (큽니다, 작습니다).

강아지는 고양이보다 (많습니다, 적습니다).

3은 ___보다 (큽니다, 작습니다).

3️⃣ 더 많은 쪽에 색칠하고 빈칸에 알맞은 수를 써넣으세요.

___는 ___보다 큽니다.

___는 ___보다 작습니다.

4 수를 세어 쓰고 더 큰 수에 ○표 하세요.

1)

   5 　___

2)

   ___ 　___

3)

   ___ 　___

5 수를 세어 쓰고 더 작은 수에 △표 하세요.

1)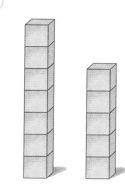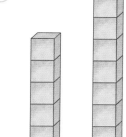

   7 　___

2)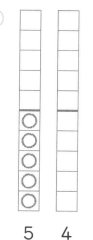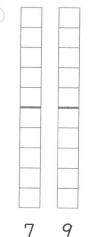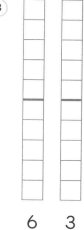

   ___ 　___

6 수만큼 ○를 그리고 더 작은 수에 △표 하세요.

1) 　5　4

2) 　7　9

3) 　6　3

7 수만큼 색칠하고 더 큰 수에 ○표 하세요.

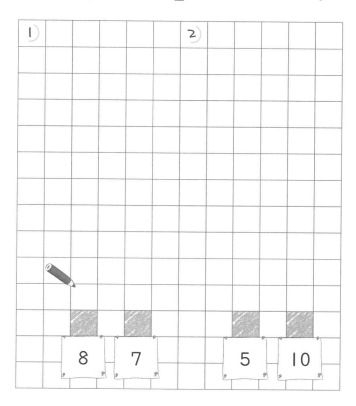

1) 2)

8 　7 　　5 　10

8 수만큼 색칠하고 더 큰 수에 ○표 하세요.

1)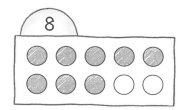

   8 　　5

2)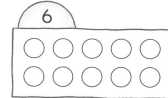

   6 　　7

3)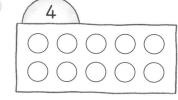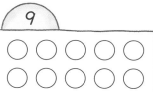

   4 　　9

두 수의 크기 비교하기

1 ●의 수를 세어 알맞은 말에 ○표 하세요.

1) 5는 2보다 (큽니다, 작습니다).

2) 3은 4보다 (큽니다, 작습니다).

3) 1은 3보다 (큽니다, 작습니다).

4) 6은 3보다 (큽니다, 작습니다).

5) 4는 6보다 (큽니다, 작습니다).

6) 5는 4보다 (큽니다, 작습니다).

7) 6은 5보다 (큽니다, 작습니다).

8) 2는 3보다 (큽니다, 작습니다).

2 그림을 보고 빈칸에 알맞은 수를 써넣으세요.

1) _____은 _____보다 큽니다.

2) _____는 _____보다 작습니다.

3) _____는 _____보다 큽니다.

4) _____는 _____보다 작습니다.

5) _____은 _____보다 작습니다.

6) _____은 _____보다 큽니다.

3 1) 두 수 중 더 큰 수를 따라가 마지막에 만나는 수에 ○표 하세요.

2) 두 수 중 더 작은 수를 따라가 마지막에 만나는 수에 ○표 하세요.

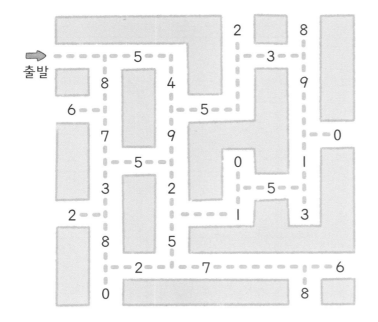

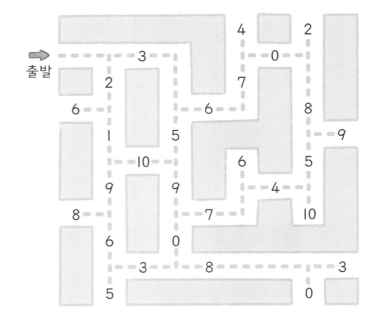

두 수의 크기 비교하기

4 두 수의 크기를 비교하여 더 큰 수에 색칠해 보세요.

1) | 6 | 5 |

2) | 1 | 2 |

3) | 2 | 3 |

4) | 4 | 0 |

5) | 3 | 1 |

6) | 5 | 9 |

7) | 10 | 8 |

8) | 8 | 4 |

9) | 6 | 9 |

10) | 6 | 2 |

5 더 큰 수를 찾아보세요.

1)

두 수 중 더 큰 수를 풍선에 써넣어요.

풍선에 적힌 두 수 중 더 큰 수에 색칠해요.

2)

6 주어진 수를 빈칸에 알맞게 써넣어 문장을 바르게 완성해 보세요.

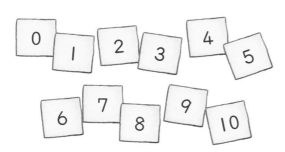

0 1 2 3 4 5
6 7 8 9 10

1) ____은/는 ____보다 큽니다.

2) ____은/는 ____보다 작습니다.

3) ____은/는 ____보다 큽니다.

4) ____은/는 ____보다 작습니다.

7 알맞은 말을 따라가 보세요.

6은 5보다 커.   7은 6보다 작아.   4는 5보다 커.

3은 4보다 커.   8은 9보다 작아.   0은 1보다 작아.

조건에 맞는 수

1. 0부터 10까지의 수 중에서 조건에 맞는 수를 모두 써 보세요.

1) 3보다 큰 수 _____

   3보다 작은 수 _____

2) 5보다 큰 수 _____

   5보다 작은 수 _____

2. 조건에 맞는 수를 모두 찾아 ○표 하세요.

1) 6보다 큰 수

| 1 | 2 | 3 | 4 | 5 |
| 6 | 7 | 8 | 9 | 10 |

2) 4보다 작은 수

| 1 | 2 | 3 | 4 | 5 |
| 6 | 7 | 8 | 9 | 10 |

3) 7보다 큰 수

| 1 | 2 | 3 | 4 | 5 |
| 6 | 7 | 8 | 9 | 10 |

4) 8보다 작은 수

| 1 | 2 | 3 | 4 | 5 |
| 6 | 7 | 8 | 9 | 10 |

3. 주어진 수를 그림에 표시하고, ● 안의 수보다 큰 수와 작은 수를 각각 구해 보세요.

1)

   ④ 보다 큰 수 _____

   ④ 보다 작은 수 _____

2)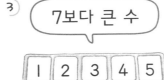
   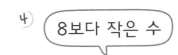

   ⑦ 보다 큰 수 _____

   ⑦ 보다 작은 수 _____

4. 조건에 맞는 수를 모두 찾아 색칠해 보세요.

1) 7보다 큰 수

   10 5 9 2

2) 5보다 작은 수

   7 4 3 8

3) 4보다 큰 수

   3 8 1 6

4) 2보다 작은 수

   3 5 4 1 7 0

5) 5보다 큰 수

   9 3 7 2 8 4

6) 7보다 작은 수

   9 6 2 8 4 10

5 조건에 맞는 수를 모두 찾아 색칠해 보세요.

1)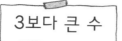

```
3        0        2    3
    1        6        0
2      5    4  5  9    1
    0    4          1  0
3      1    7    3    2
```

2)

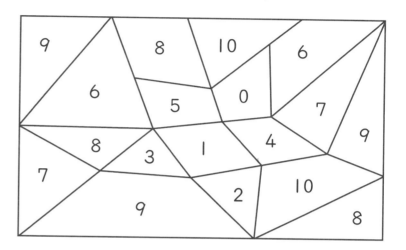

```
9        8    10        6
    6        5    0      7
        8    3  1    4      9
7              2    10
    9                      8
```

6 조건에 맞는 수를 모두 찾아 색칠해 보세요.

1) 4보다 크고 8보다 작은 수   0 1 2 3 4 5 6 7 8 9 10

2) 7보다 크고 10보다 작은 수   0 1 2 3 4 5 6 7 8 9 10

3) 1보다 크고 6보다 작은 수   0 1 2 3 4 5 6 7 8 9 10

7 3보다 크고 9보다 작은 수를 모두 색칠하면 비밀번호를 알 수 있어요. 비밀번호는 무엇일까요?

0	4	8	7	0
1	6	9	8	1
9	3	1	4	2
2	3	2	6	0
1	0	1	5	9

0	4	5	6	2
2	3	0	8	1
1	5	6	5	0
3	9	0	7	9
1	4	8	7	1

1	7	8	5	0
9	8	9	6	2
0	4	5	7	1
3	2	1	6	3
1	4	8	7	9

1	4	5	8	2
2	1	3	4	0
9	8	6	7	1
0	5	0	2	3
3	6	8	4	9

 ___, ___, ___, ___

가장 큰 수와 가장 작은 수

1 수만큼 색칠하고 가장 큰 수와 가장 작은 수를 찾아보세요.

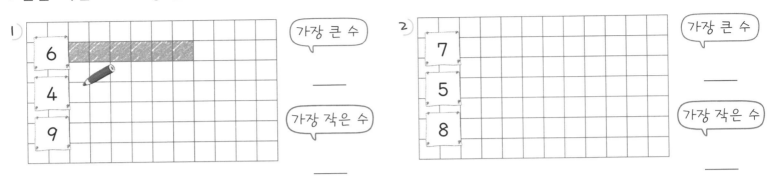

2 가장 큰 수는 노란색, 가장 작은 수는 파란색으로 칠해 보세요.

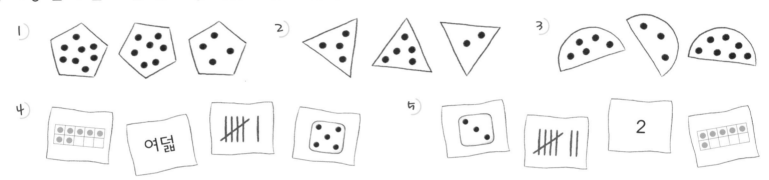

3 가장 큰 수를 찾아 ○표 하세요.

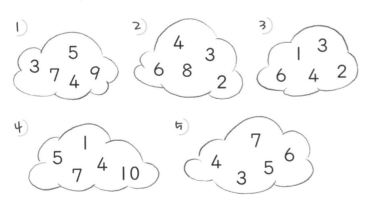

4 가장 작은 수를 찾아 △표 하세요.

5 가장 큰 수에 ○표, 가장 작은 수에 △표 하세요.

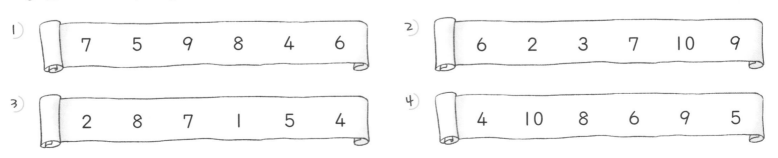

6 알맞은 수의 위치를 찾아 선으로 잇고 작은 수부터 순서대로 써 보세요.

1)
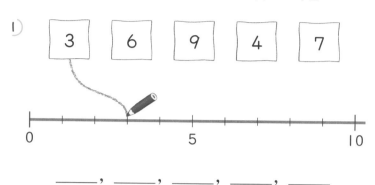

_____ , _____ , _____ , _____ , _____

2)

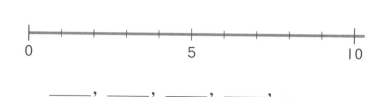

_____ , _____ , _____ , _____ , _____

7 큰 수부터 순서대로 써 보세요.

1)

_____ , _____ , _____ , _____ , _____ , _____

2)

_____ , _____ , _____ , _____ , _____ , _____

8 작은 수부터 순서대로 카드를 늘어놓았어요. 잘못 놓인 카드 한 장을 찾아 ✕표 하고 알맞은 수로 고쳐 보세요.

1)

2)

3)

9 조건에 맞게 수를 써넣으세요.

10 0부터 9까지의 숫자칩을 두 사람이 5개씩 나누어 가졌어요. 빈칸에 알맞은 수를 써넣으세요.

내가 가진 숫자칩 중 가장 큰 수는 8이야.

내가 가진 숫자칩 중 가장 작은 수는 2야.

모으기

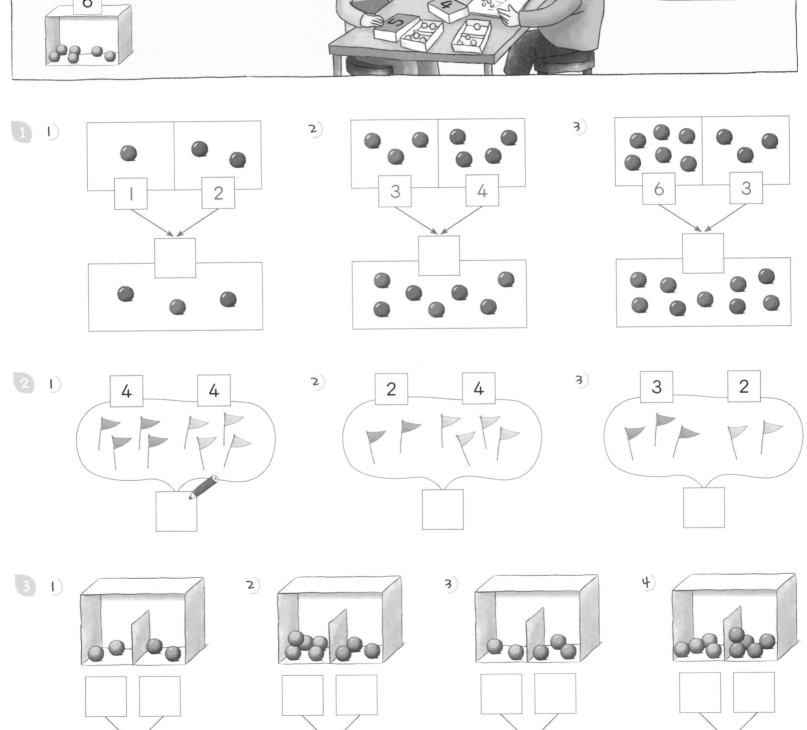

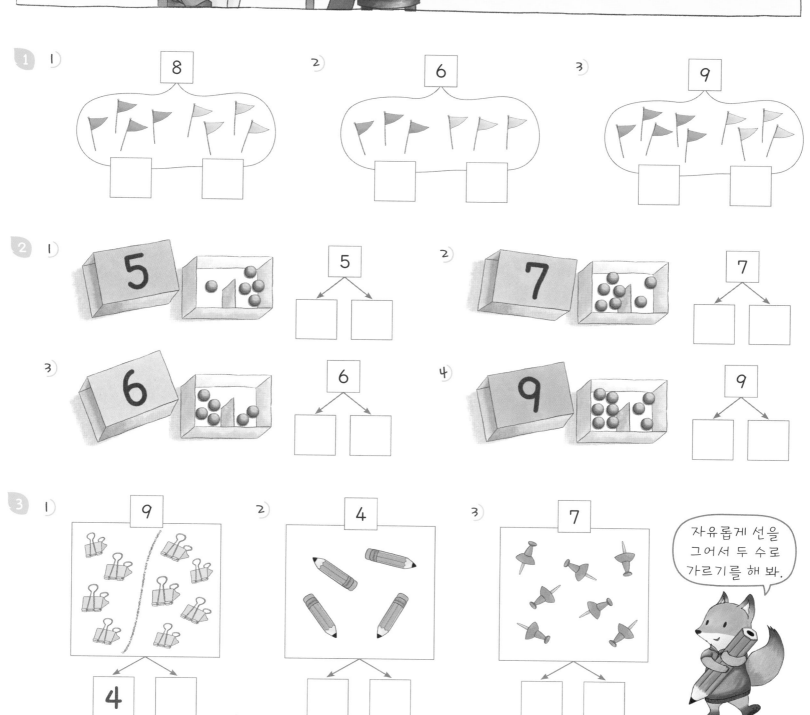

모으기

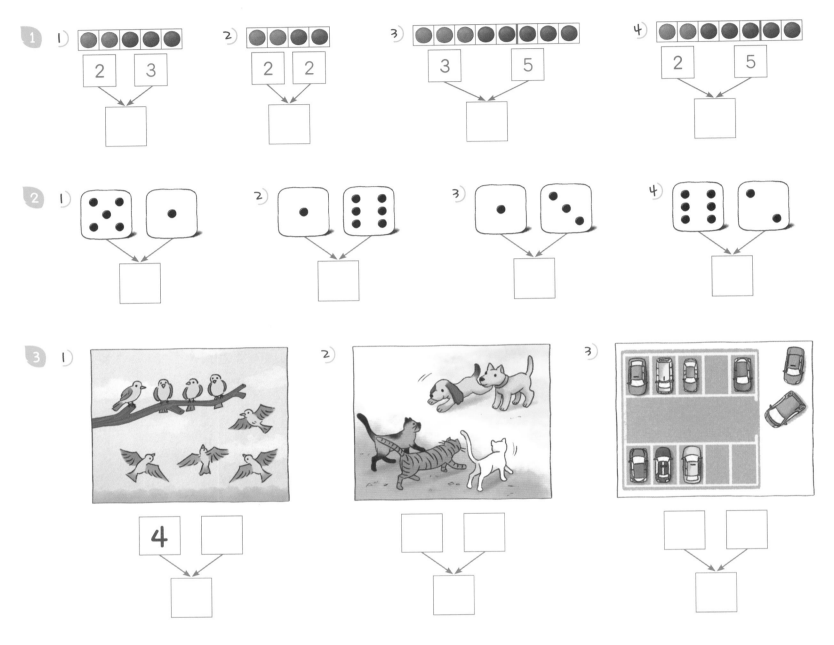

1
① [●●●●●] 2 3 → [ ]

② [●●●●] 2 2 → [ ]

③ [●●●●●●●●] 3 5 → [ ]

④ [●●●●●●●] 2 5 → [ ]

2
① [주사위 5] [주사위 1] → [ ]

② [주사위 1] [주사위 4] → [ ]

③ [주사위 1] [주사위 3] → [ ]

④ [주사위 5] [주사위 2] → [ ]

3
① 4 [ ] → [ ]

② [ ] [ ] → [ ]

③ [ ] [ ] → [ ]

4 축구공과 농구공의 수를 쓰고 두 수를 모으기 해 보세요.

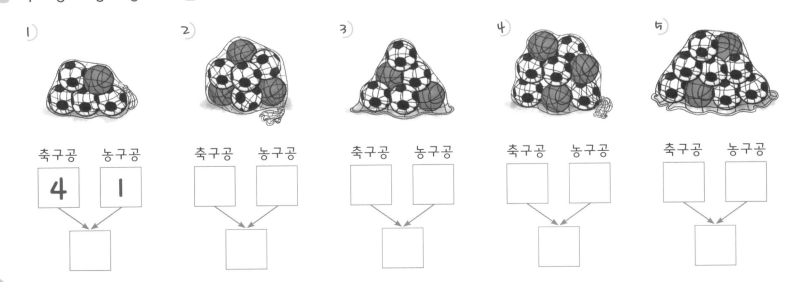

① 축구공 **4** 농구공 **1** → [ ]

② 축구공 [ ] 농구공 [ ] → [ ]

③ 축구공 [ ] 농구공 [ ] → [ ]

④ 축구공 [ ] 농구공 [ ] → [ ]

⑤ 축구공 [ ] 농구공 [ ] → [ ]

가르기

1 1)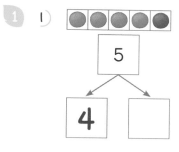

5

4 ☐

2)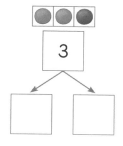

3

☐ ☐

3)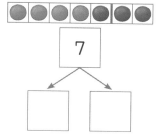

7

☐ ☐

4)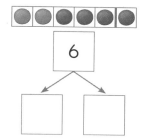

6

☐ ☐

2 1) 4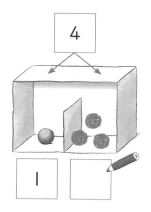

1 ☐

2) 7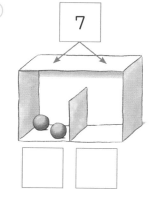

☐ ☐

3) 8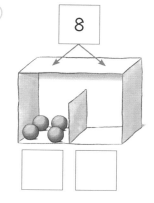

☐ ☐

4) 6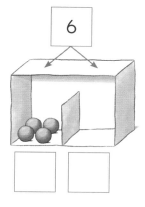

☐ ☐

3 1) 7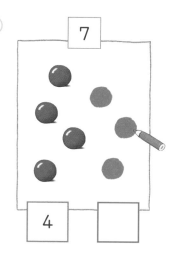

4 ☐

2) 9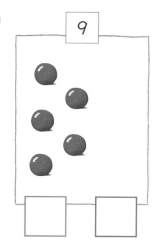

☐ ☐

3) 5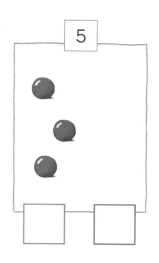

☐ ☐

4) 8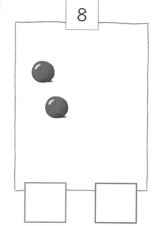

☐ ☐

4 두 가지 색으로 가르기를 해 보세요.

1) 6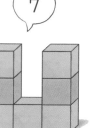

☐ ☐

2) 7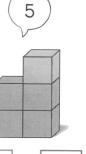

☐ ☐

3) 5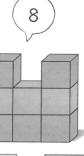

☐ ☐

4) 8

☐ ☐

같은 수 모으기와 같은 수로 가르기

1 。。。 같은 수 모으기

1)

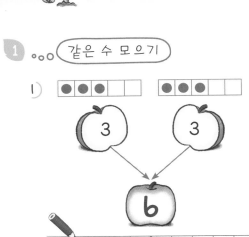

2)

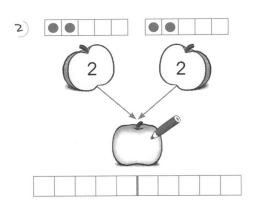

3)

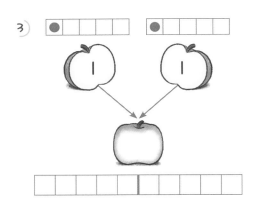

4)

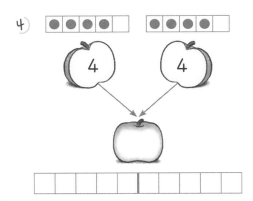

2 。。。 같은 수로 가르기

1)

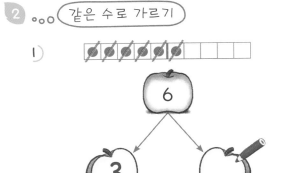

2)

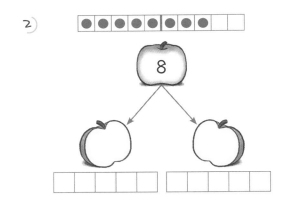

3)

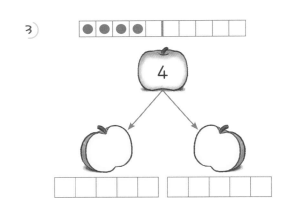

4)

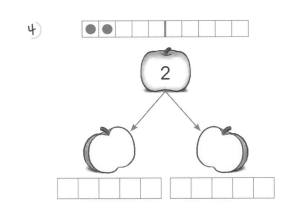

3 。。。 빨간색 구슬 그리기

1)

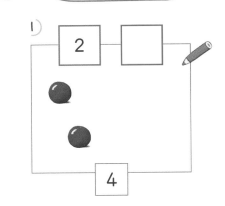

2)

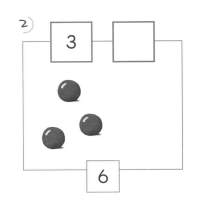

3)

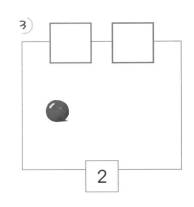

4)

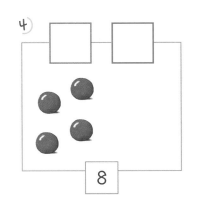

모으기와 가르기

1 초콜릿의 수를 여러 가지 방법으로 가르기 해 보세요.

1)

☐ ☐   ☐ ☐   ☐ ☐

2)

☐ ☐   ☐ ☐

2 ●의 수 모으기

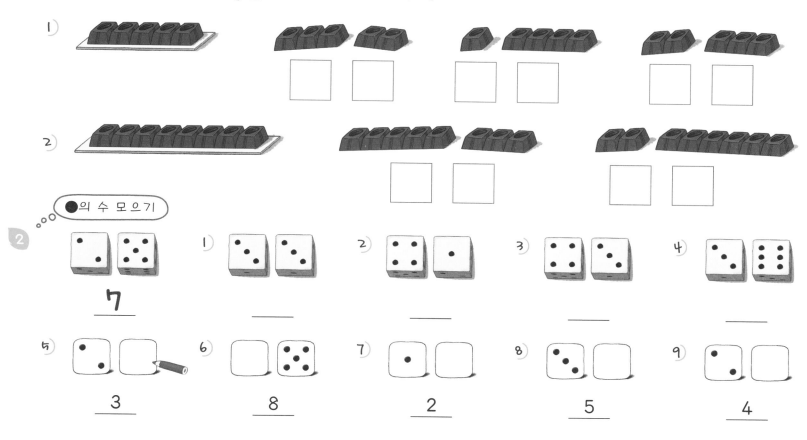

7

1) ___   2) ___   3) ___   4) ___

5) 3   6) 8   7) 2   8) 5   9) 4

3 모으기를 하여 ⬭에 적힌 수가 되도록 알맞게 그림을 그리고 수를 써넣으세요.

1) 8 ☐   2) ☐ ☐

4 선을 그어 가르기를 해 보세요.

1) 5
2 ☐

2) 4
☐ ☐

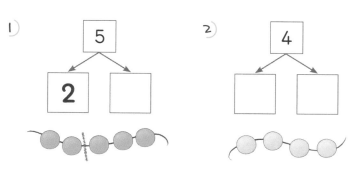

5 ●의 수를 모으기 하여 같은 것끼리 이어 보세요.

49

모으기와 가르기

1 ○를 그려서 모으기를 해 보세요.

1) 2 1

2) 5 1

3) 4 3

4) 6 3

2

1) 3 2

2) 4 4

3) 5 2

4) 7 2

3

1) 1 4

2) 3 3

3) 2 7

4) 4 3

5) 4 5

6) 5 2

7) 4 2

8) 4 4

9) 1 3

10) 5 3

4

1) 2 4

2) 7 1

3) 3 4

4) 2 2

5) 4 5

5 두 수를 모으기 해 보세요.

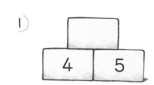 1)

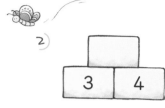 2)

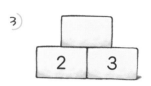 3)

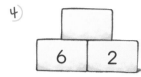 4)

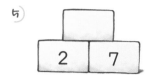 5)

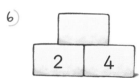 6)

6 모으기를 하여 리본 안의 수가 되는 두 수를 찾아 ○표 하세요.

1) 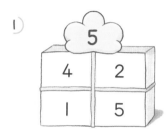 2) 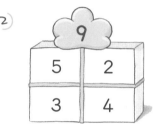 3)  4)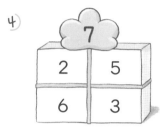

7 1) 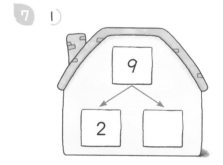 2) 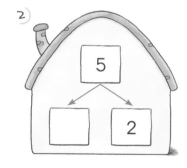 3) 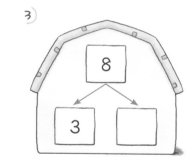 4)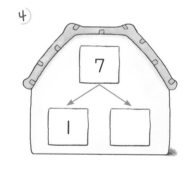

8 1)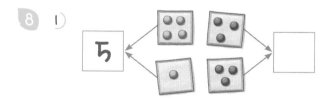

2)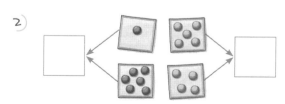

3)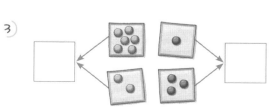

9 1)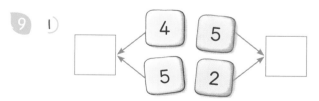

2)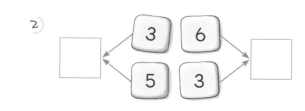

3)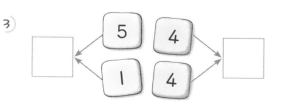

모으기와 가르기

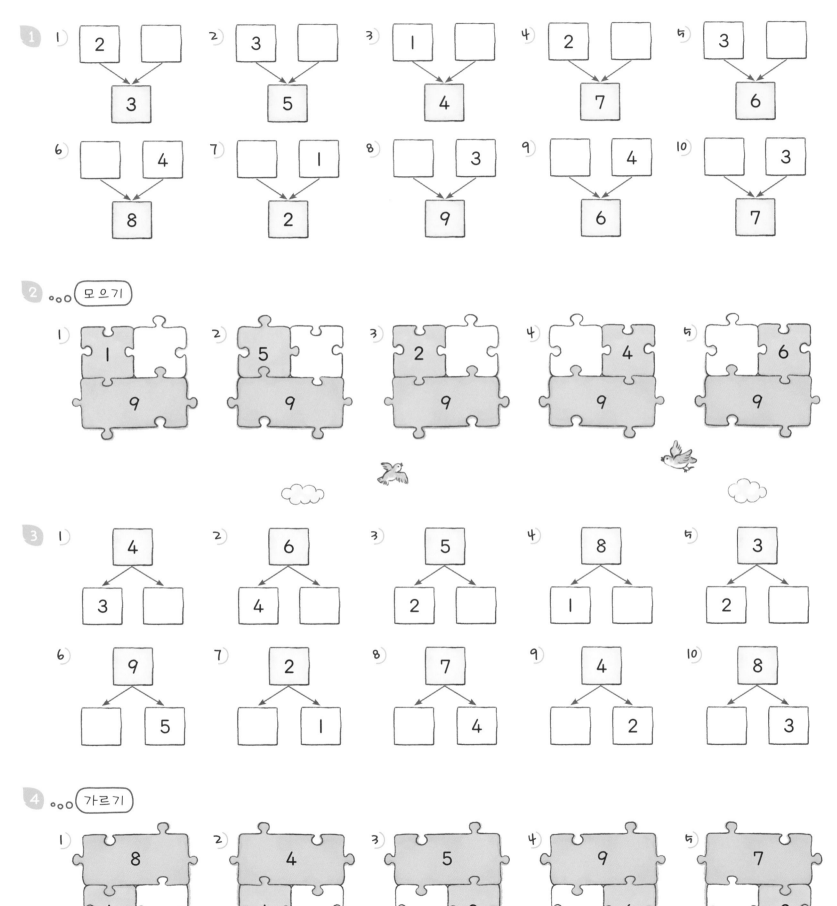

1

1) 2, ☐ → 3
2) 3, ☐ → 5
3) 1, ☐ → 4
4) 2, ☐ → 7
5) 3, ☐ → 6
6) ☐, 4 → 8
7) ☐, 1 → 2
8) ☐, 3 → 9
9) ☐, 4 → 6
10) ☐, 3 → 7

2 ∘∘∘ 모으기

1) 1, ☐ / 9
2) 5, ☐ / 9
3) 2, ☐ / 9
4) ☐, 4 / 9
5) ☐, 6 / 9

3

1) 4 → 3, ☐
2) 6 → 4, ☐
3) 5 → 2, ☐
4) 8 → 1, ☐
5) 3 → 2, ☐
6) 9 → ☐, 5
7) 2 → ☐, 1
8) 7 → ☐, 4
9) 4 → ☐, 2
10) 8 → ☐, 3

4 ∘∘∘ 가르기

1) 8 → 1, ☐
2) 4 → 1, ☐
3) 5 → ☐, 3
4) 9 → ☐, 6
5) 7 → ☐, 3

5 모으기 또는 가르기를 하여 빈칸에 알맞은 수를 써넣으세요.

1)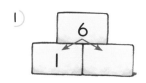

2)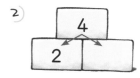

3)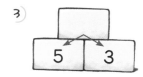

4)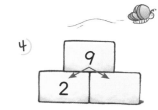

5)

6)

7)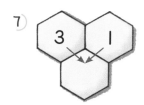

8)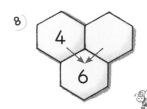

9)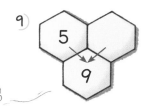

10)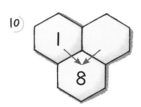

6 모으기를 해 보세요.

1)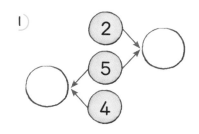

2)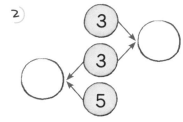

3)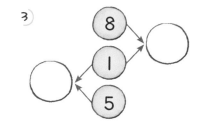

4)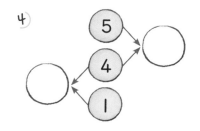

7 상자에 담긴 사탕을 ◯보다 ◯에 더 적게 가르기를 해 보세요.

1)

2)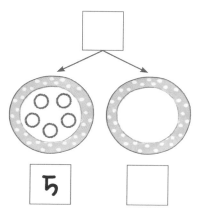

8 기울어진 쪽이 반대쪽보다 1 큰 수가 되도록 가르기를 해 보세요.

1)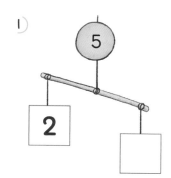

2)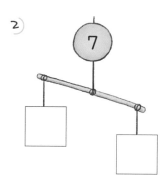

3)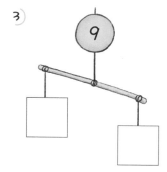

4)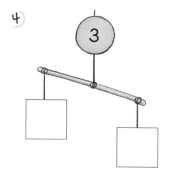

여러 가지 방법으로 모으기와 가르기

1 7개의 달걀을 두 가지 색으로 칠하여 여러 가지 방법으로 가르기를 해 보세요.

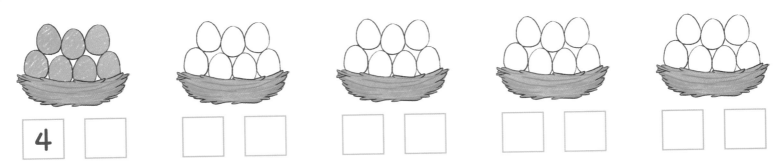

| 4 | | | | | | | | | |

2 ★을 모으기 하여 8이 되도록 별을 더 그려 넣으세요.

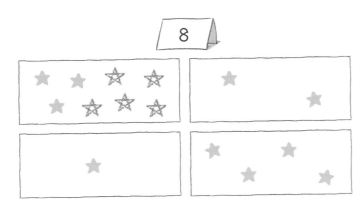

3 모으기를 하여 ○ 안의 수가 되는 것에 모두 ○표 하세요.

4 ●의 수를 각각 모으기 하여 같은 수가 되도록 빈 곳에 점을 그려 보세요.

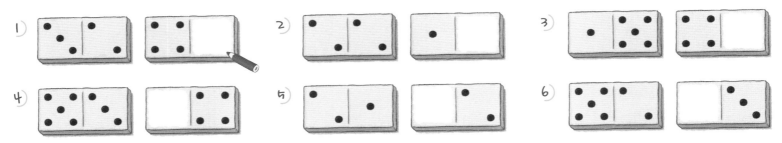

5

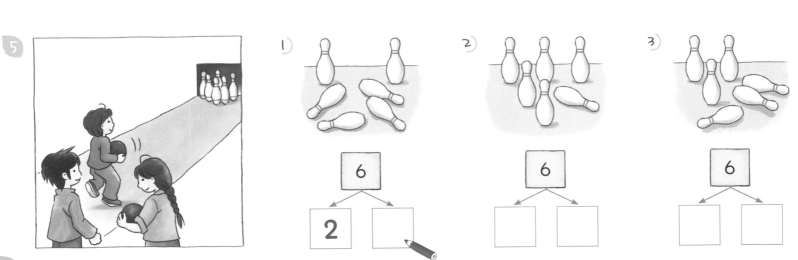

여러 가지 방법으로 모으기와 가르기

6 편 손가락의 수와 접은 손가락의 수로 가르기를 해 보세요.

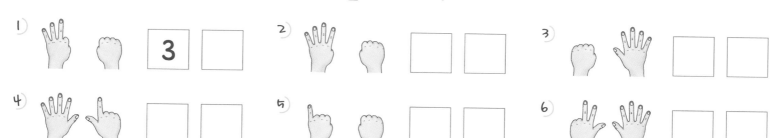

1) **3** ☐   2) ☐ ☐   3) ☐ ☐

4) ☐ ☐   5) ☐ ☐   6) ☐ ☐

7 10개의 구슬을 가르기 해 보세요.

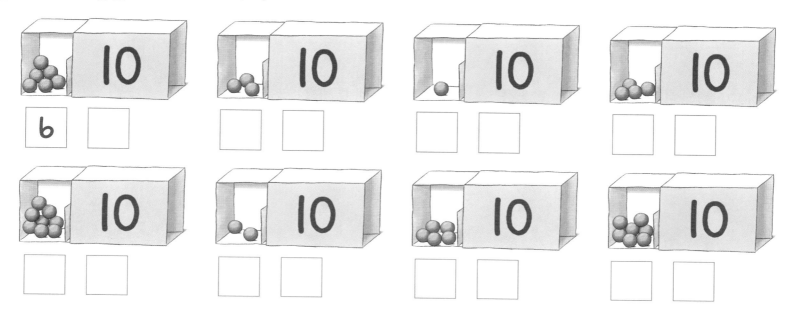

6 ☐   ☐ ☐   ☐ ☐   ☐ ☐

☐ ☐   ☐ ☐   ☐ ☐   ☐ ☐

8 모으기를 하여 10이 되는 두 수를 찾아 색칠해 보세요.

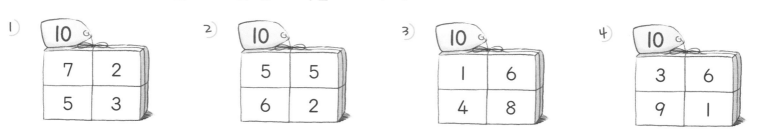

1) 10

7	2
5	3

2) 10

5	5
6	2

3) 10

1	6
4	8

4) 10

3	6
9	1

9 가르기를 해 보세요.

10		8		9		7		6	
4	6	3		2			6		3
8		4			1	2			2
5			6	4			4		1

여러 가지 방법으로 모으기와 가르기

1 모으기를 하여 9가 되는 두 수를 찾아 색칠해 보세요.

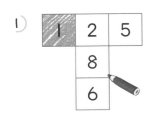
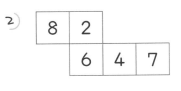
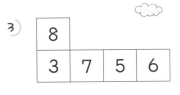
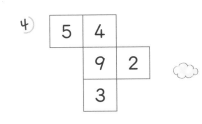

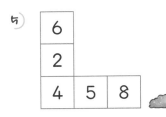
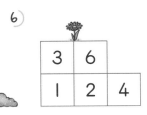
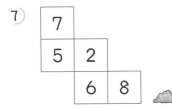

2 모으기를 하여 ☀ 안의 수가 되는 두 수를 선으로 이어 보세요.

3

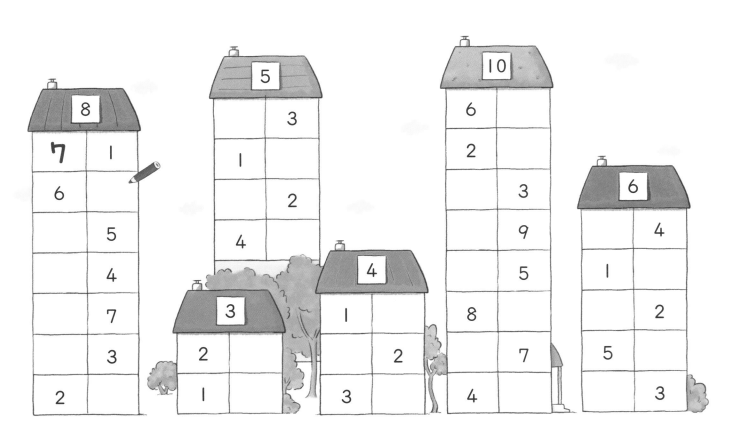

여러 가지 방법으로 모으기와 가르기

4 가로 또는 세로 방향으로 이어진 두 수를 모으기 하여 ⚪ 안의 수가 되는 것을 모두 찾아 〇로 묶어 보세요.

1) **⑦**

2	6	1	4
5	3	3	4
3	6	2	1
4	1	2	5

2) **⑨**

1	3	2	1
4	5	3	8
8	7	5	4
1	2	6	3

3) **⑤**

2	4	3	2
3	4	1	1
3	3	2	1
2	1	4	3

4) **⑧**

3	4	7	4
6	2	1	4
1	3	5	6
7	4	2	6

5 가로 또는 세로 방향으로 이어진 두 수를 모으기 하여 10이 되는 것을 모두 찾아 〇로 묶어 보세요.

1)

8	1		6
	9	2	4
3	5	5	
4		7	3

2)

2	8		5
	3	7	5
1	9	4	
7		6	3

3)

4	3		9
	7	6	4
8	1	3	
2		1	9

4)

6	4		8
	3	6	2
1	7	4	
9		5	4

6 모으기를 하여 10이 되는 두 수를 선으로 이어 보세요.

 7
 1
 3
 9
 2
 5
 6
 4
 8

7 같은 수를 나타내는 것끼리 선으로 이어 보세요.

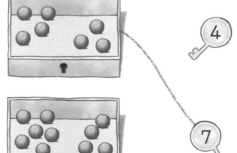

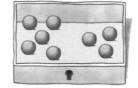

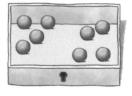
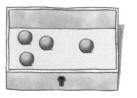
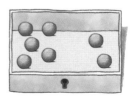
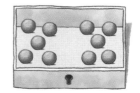

여러 가지 방법으로 모으기와 가르기

1 두 수를 모으기 하여 □ 안의 수가 되도록 선으로 이어 보세요.

2 상자에 적힌 수를 가르기 해 보세요.

5 □

3 아래에 놓인 두 수를 모으면 위의 수가 돼요. 빈칸에 알맞은 수를 써넣으세요.

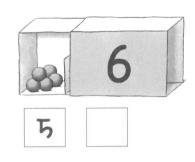

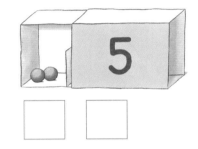

4 상자 안의 구슬을 여러 가지 방법으로 가르기 하여 그림으로 나타내고 빈칸에 알맞은 수를 써 보세요.

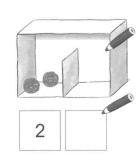

2 □

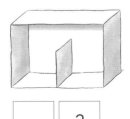

□ 3

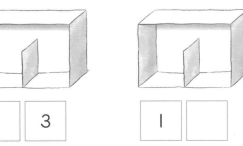

1 □

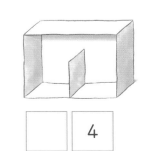

□ 4

여러 가지 방법으로 모으기와 가르기

5 ◇ 안의 이웃한 두 수를 모으기 해 보세요.

1)
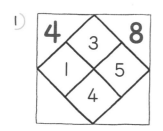

2)
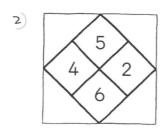

3)
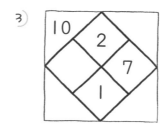

4)
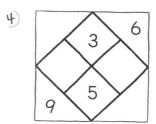

6 막대에 매달린 모양의 수를 세어 모으기를 해 보세요.

1)
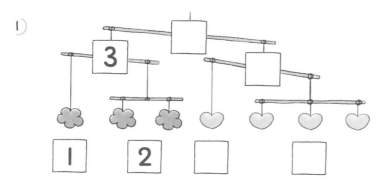

2)
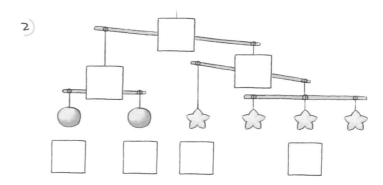

7 위의 수를 가르기 하여 아래에 써넣으세요.

1)
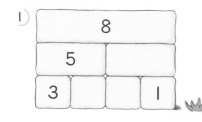

2)
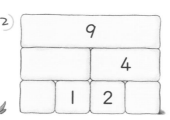

3)

4)

8 모으기를 하여 ▨ 안의 수가 되도록 여러 가지 방법으로 나타내고, 수를 써 보세요.

덧셈의 기초

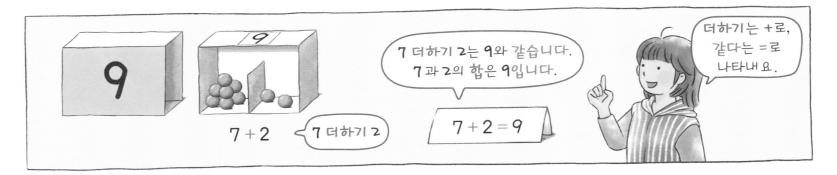

7 + 2 〔7 더하기 2〕

7 더하기 2는 9와 같습니다.
7과 2의 합은 9입니다.

$7 + 2 = 9$

더하기는 +로,
같다는 =로
나타내요.

1 덧셈식으로 나타내어 보세요.

1) 5
$$2 \;\; + \;\; \boxed{}$$

2) 7
$$\boxed{} \;\bigcirc\; \boxed{}$$

3) 9
$$\boxed{} \;\bigcirc\; \boxed{}$$

2 그림을 보고 알맞은 덧셈식에 ☑표 하세요.

1)
$\square$ 3 + 3
$\square$ 3 + 2
$\square$ 4 + 2

2)
$\square$ 5 + 3
$\square$ 5 + 2
$\square$ 4 + 2

3 덧셈식에 맞게 ○를 그려 보세요.

1) 6
3 + 3

2) 8
2 + 6

3) 4
1 + 3

4) 9
5 + 4

4 덧셈식으로 나타내어 보세요.

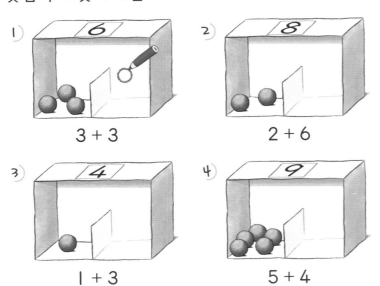

1)
$$\underline{\;3\;} \;+\; \underline{}$$

2)
$$\underline{} \;+\; \underline{}$$

3)
$$\underline{} \;+\; \underline{}$$

60

5 덧셈식을 보고 알맞은 그림에 ☑표 하세요.

1) 5 + 3

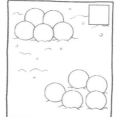  

2) 4 + 2

6 합이 8이 되도록 색칠하고 덧셈식으로 나타내어 보세요.

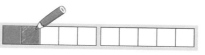 1 +

 2 +

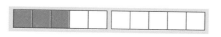 3 +

 4 +

 5 +

 6 +

 7 +

7 구슬의 수를 덧셈식으로 나타내어 보세요.

5

5
1 + 4

7

 _____

 _____

_____

_____

_____

_____

8 그림을 보고 합이 9인 덧셈식으로 나타내어 보세요.

1)

2)

5 + _____

_____ + _____

3)

4)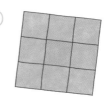

_____ + _____

_____ + _____

5)

_____ + _____

덧셈의 기초

1 여러 가지 덧셈식으로 나타내고 식에 맞게 색칠해 보세요.

1)

6
4 + 2
3 + ___
1 + ___
5 + ___
2 + ___

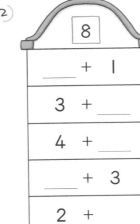

2)

8
___ + 1
3 + ___
4 + ___
___ + 3
2 + ___

2

1)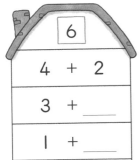

4	+	3	=	

2)

6	+	3	=	

3)

1	+	5	=	

4)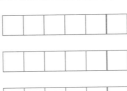

3	+	5	=	

3 관계있는 것끼리 선으로 잇고 빈칸에 알맞은 수를 써넣으세요.

$2 + 3 = $ ___

3과 ___의 합은 7입니다.

$3 + 4 = $ ___

2 더하기 3은 ___와 같습니다.

$5 + 1 = $ ___

5 더하기 1은 ___과 같습니다.

4 1)

2)

3)

4 + 2 = ___

3 + 3 = ___

5 + 2 = ___

5 구슬의 수를 덧셈식으로 나타내어 보세요.

1)

1 + **3** _____

2 + _____

3 + _____

2)

1 + _____   2 + _____

3 + _____   4 + _____

3)

1 + _____   2 + _____

3 + _____   + _____

+ _____   + _____

6 그림을 보고 여러 가지 방법으로 덧셈식을 만들어 보세요.

1)

8

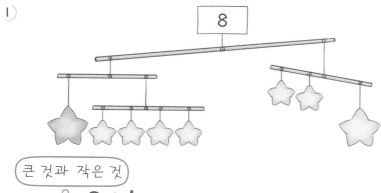

큰 것과 작은 것

2+6 _____   _____

2)

6

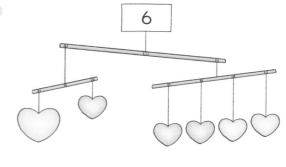

_____   _____

7 1)

5 + 2 = ___

2)

2 + 4 = ___

3)

3 + 5 = ___

4)

[ ] + [ ] = ___

5)

[ ] + [ ] = ___

6)

[ ] + [ ] = ___

덧셈하기

1 그림에 알맞은 덧셈식을 찾아 선으로 잇고 덧셈을 해 보세요.

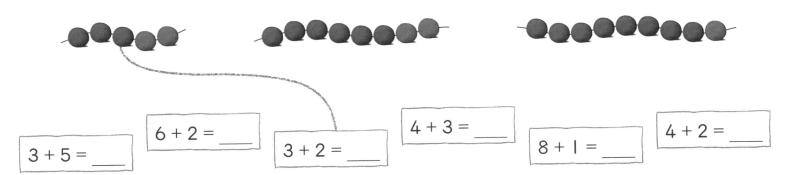

3 + 5 = ____

6 + 2 = ____

3 + 2 = ____

4 + 3 = ____

8 + 1 = ____

4 + 2 = ____

2 알맞은 그림을 찾아 선으로 잇고 덧셈을 해 보세요.

2 + 2 = ____

3 + 2 = ____

4 + 3 = ____

6 + 3 = ____

3 1)

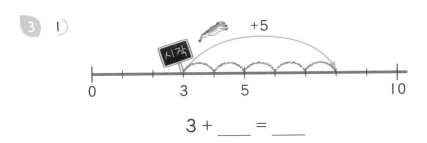

3 + ____ = ____

2)

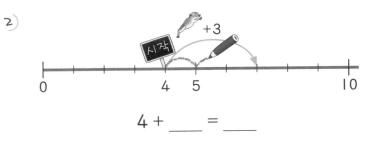

4 + ____ = ____

4 1)

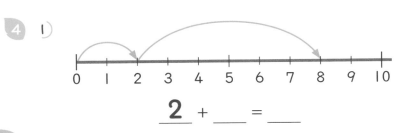

2 + ____ = ____

2)

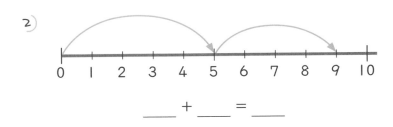

____ + ____ = ____

5 그림에 알맞은 덧셈식을 찾아 선으로 잇고 덧셈을 해 보세요.

| 4 + 2 = ____ |
| 3 + 4 = ____ |
| 5 + 3 = ____ |
| 2 + 3 = ____ |

6

1)

___ + ___ = ___

2)

___ + ___ = ___

3)

___ + ___ = ___

그림을 보고 덧셈식으로 나타내어 봐.

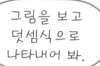

4)

___ + ___ = ___

5)

___ + ___ = ___

6)

___ + ___ = ___

7

1)

___ + ___ = ___

2)

___ + ___ = ___

3)

___ + ___ = ___

8 알맞게 색칠하여 덧셈을 해 보세요.

1)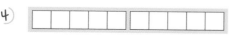

1 + 4 = ___

2)

8 + 1 = ___

3)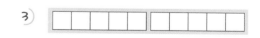

3 + 3 = ___

4)

5 + 2 = ___

5)

2 + 6 = ___

6)

5 + 4 = ___

덧셈하기

1

1)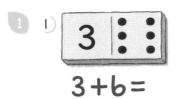

$3+6=$ _____

2)

_____

3)

_____

4)

_____

5)

_____

2

1)

$5+$ ___ $=$ ___

2)

$2+$ ___ $=$ ___

3)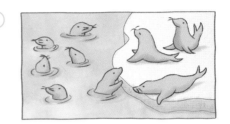

$6+$ ___ $=$ ___

4)

$3+$ ___ $=$ ___

5)

$4+$ ___ $=$ ___

6)

$2+$ ___ $=$ ___

3 덧셈을 할 수 있는 질문을 찾아 ○표 하고, 덧셈식으로 나타내어 보세요.

1)

고양이 5마리가 있었는데 4마리가 더 왔어요.

2)

호수에 백조 3마리와 흑조 2마리가 있어요.

 고양이는 모두 몇 마리일까요?

고양이들은 무엇을 할까요?

$5+4=$ _____

 백조는 흑조보다 몇 마리 더 많을까요?

 모두 몇 마리일까요?

_____

4

1)

$4 + 3 =$ ___

2)

$5 + 2 =$ ___

3)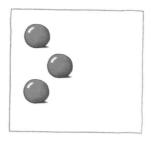

$3 + 5 =$ ___

4)

$5 + 4 =$ ___

5

1) $3 + 2 =$ ___

$3 + 3 =$ ___

$3 + 4 =$ ___

2) $2 + 2 =$ ___

$2 + 3 =$ ___

$2 + 4 =$ ___

3) $6 + 1 =$ ___

$6 + 2 =$ ___

$6 + 3 =$ ___

6

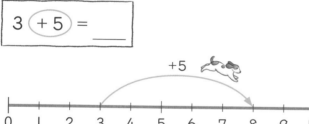

$3 (+2) =$ ___ $8 (+1) =$ ___

$2 (+4) =$ ___ $6 (+2) =$ ___

$5 (+1) =$ ___ $2 (+7) =$ ___

7 합을 찾아 선으로 이어 보세요.

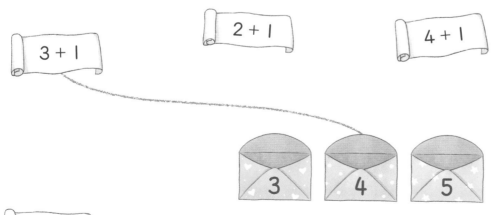

$3 + 1$ $2 + 1$ $4 + 1$ $3 + 2$

$1 + 2$ **3** **4** **5** $1 + 4$

$2 + 2$ $1 + 3$ $2 + 3$

덧셈하기

1 합을 찾아 선으로 이어 보세요.

 2 + 6

5 + 2

6 + 3

1 + 5

6
7
8
9

4 + 3

5 + 4

3 + 3

4 + 4

2 합이 다른 식 하나를 찾아 ×표 하세요.

8 + 1

3 + 6

4 + 5

2 + 6

7 + 2

6 + 3

2 + 7

5 + 4

1 + 8

3 1)

4 + **0** = ___

2)

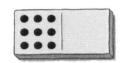

___ + ___ = ___

3)

___ + ___ = ___

4 알맞게 색칠해 보세요.

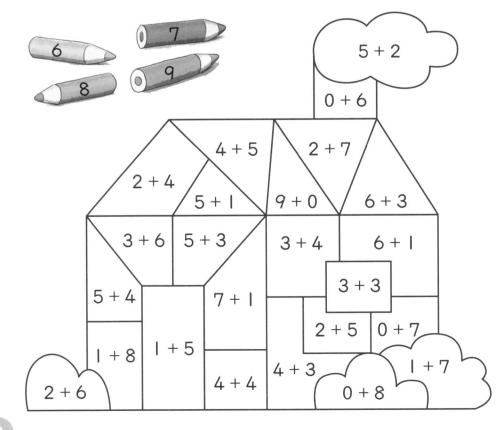

6   7   8   9

5 + 2

0 + 6

4 + 5   2 + 7

2 + 4   5 + 1   9 + 0   6 + 3

3 + 6   5 + 3   3 + 4   6 + 1

3 + 3

5 + 4   7 + 1   2 + 5   0 + 7

1 + 8   1 + 5   4 + 3   1 + 7

2 + 6   4 + 4   0 + 8

5 1)

1 + **7** = ___

2)

___ + ___ = ___

6

3 + 6

3 + 5

7 + 2

0 + 8

3 + 2

1 + 5

4 + 1

 8  9  6  5

4 + 4

5 + 4

0 + 9

2 + 4

1 + 4

6 + 0

5 + 0

7 1)

2 + 0 = ___   2 + 3 = ___   2 + 6 = ___

2 + 1 = ___   2 + 4 = ___   2 + 7 = ___

2 + 2 = ___   2 + 5 = ___

2)

4 + 2 = ___   4 + 5 = ___

4 + 3 = ___   4 + 4 = ___

4 + 1 = ___   4 + 0 = ___

3)

3 + 1 = ___   3 + 5 = ___

3 + 2 = ___   3 + 4 = ___

3 + 3 = ___   3 + 6 = ___

4)

5 + 0 = ___   5 + 2 = ___

5 + 4 = ___   5 + 1 = ___

5 + 3 = ___

8 1) 7 + 2 = ___   2) 2 + 6 = ___

7 + 1 = ___   1 + 6 = ___

7 + 0 = ___   0 + 6 = ___

3) 1 + 0 = ___

8 + 0 = ___

9 + 0 = ___

9 1) 왼손에는 사탕 2개, 오른손에는 사탕 5개가 있어요. 양손에 있는 사탕은 모두 몇 개일까요?

 식 _____   답 ____개

2) 민지는 어제 동화책을 5쪽 읽고 오늘 3쪽을 읽었어요. 민지가 어제와 오늘 읽은 동화책은 모두 몇 쪽일까요?

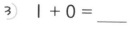 식 _____   답 ____쪽

같은 수의 덧셈

1 왼쪽에 그려진 점의 수만큼 오른쪽에 점을 그리고 덧셈식을 써 보세요.

1)

$1 + 1 = $ ___

2)

$2 + 2 = $ ___

3)

___ + ___ = ___

4)

___ + ___ = ___

2 거울에 비친 구슬의 모습을 그리고 알맞은 덧셈식을 써 보세요.

1)

$3 + 3 = $ ___

2)

___

3) ___

4) ___

3 계산 결과를 찾아 차례대로 점을 이어 보세요.

1) $0 + 0 = $ ___   2) $1 + 1 = $ ___

3) $2 + 2 = $ ___   4) $3 + 3 = $ ___

5) $4 + 4 = $ ___

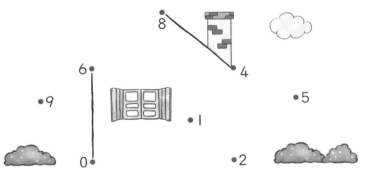

4 같은 수의 합으로 나타낼 수 있는 수를 찾아 덧셈식을 써 보세요.

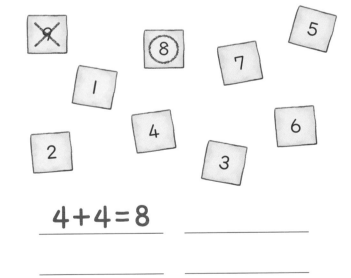

$4 + 4 = 8$ ___

___ ___

5 같은 수의 덧셈식으로 나타내어 보세요.

1) $0 + 0 = $ ___ $3 + \mathbf{3} = $ ___

$1 + 1 = $ ___ $4 + $ ___ $ = $ ___

$2 + 2 = $ ___

2) $0 = \mathbf{0} + $ ___ $6 = $ ___ $ + $ ___

$2 = \mathbf{1} + $ ___ $8 = $ ___ $ + $ ___

$4 = $ ___ $ + $ ___

두 수 바꾸어 더하기

1 1)

6 + 3 = _____   3 + 6 = _____

2)

4 + 2 = _____

2 + 4 = _____

3)

5 + 4 = _____

4 + 5 = _____

2 1)
1 + 2 = _____
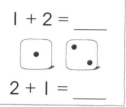
2 + 1 = _____

2)
2 + 3 = _____

3 + 2 = _____

3)
4 + 5 = _____

5 + 4 = _____

4)
5 + 2 = _____

2 + 5 = _____

5)

4	+	3	=	
3	+	4	=	

6)

7)

3 그림을 보고 덧셈식 2개를 만들어 보세요.

1)

3+2= _____
2+3= _____

2)

_____
_____

3)

_____
_____

4

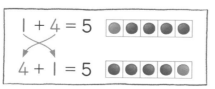

1 + 4 = 5 ●●●●●
4 + 1 = 5 ●●●●●

1) 2 + 5 = _____
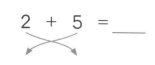
_____ + _____ = _____

2) 3 + 6 = _____
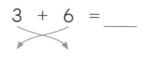
_____ + _____ = _____

5 합이 같도록 두 수를 각각 묶어 보세요.

1)
4   5
3   2

2)
4   5
  2   1

3)
8   1
  4   5

4)
  6   4
2   4

71

뺄셈의 기초

빼기는 ―로, 같다는 =로 나타내요.

6

6 - 2

6 빼기 2

6 - 2 = 4

6 빼기 2는 4와 같습니다.
6과 2의 차는 4입니다.

1 알맞은 것끼리 이어 보세요.

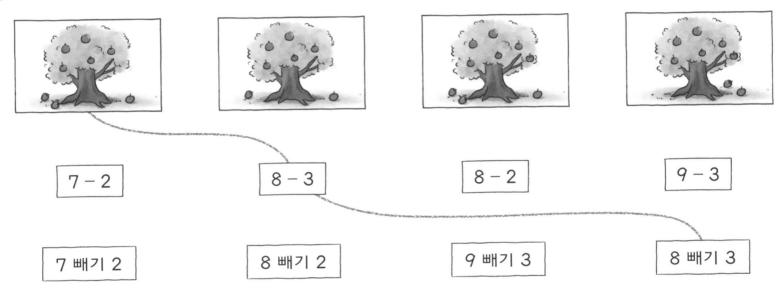

| 7 - 2 | 8 - 3 | 8 - 2 | 9 - 3 |

| 7 빼기 2 | 8 빼기 2 | 9 빼기 3 | 8 빼기 3 |

2 그림을 보고 알맞은 뺄셈식에 ☑표 하세요.

1)
- [ ] 6 - 2
- [ ] 6 - 3
- [ ] 5 - 2

2)
- [ ] 5 - 3
- [ ] 4 - 2
- [ ] 4 - 3

3)
- [ ] 8 - 4
- [ ] 7 - 3
- [ ] 8 - 5

4)
- [ ] 6 - 3
- [ ] 4 - 2
- [ ] 6 - 2

3 1)

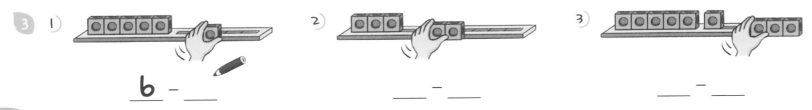

6 - ___

2) ___ - ___

3) ___ - ___

4 1)

4 − **2**

2)

5 − ___

3)

___ − ___

4)

___ − ___

5 1)

7

2　___

7 − 2 = ___

2)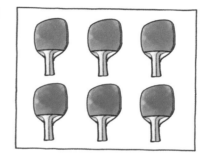

6

3　___

6 − 3 = ___

3)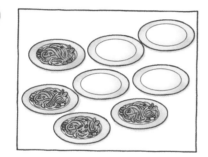

8

___　___

8 − ___ = ___

4)

9

___　___

___ − ___ = ___

6 1)

6

4　**2**

6 − **4** = ___

2)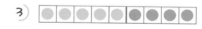

7

3　___

7 − **3** = ___

3)

9

5　___

9 − ___ = ___

4)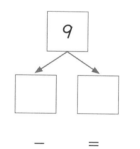

8

___　___

___ − ___ = ___

7 1)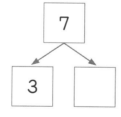

7 − **4** = ___

___ 빼기 ___ 는
___ 과 같습니다.

2)

___ − ___ = ___

___ 빼기 ___ 은
___ 과 같습니다.

뺄셈하기

1 뺄셈을 해 보세요.

1) ⭐❌❌❌❌ $5 - 4 = \underline{1}$

    ⭐⭐⭐ $3 - 1 = \underline{}$

    ⭐⭐⭐⭐ $4 - 2 = \underline{}$

2)

$9 - 6 = \underline{}$

$7 - 3 = \underline{}$

$8 - 5 = \underline{}$

2 그림을 이용하여 뺄셈을 해 보세요.

1)

$5 - 3 = \underline{}$

2) $8 - 4 = \underline{}$

3) $6 - 1 = \underline{}$

3 빨간 구슬이 파란 구슬보다 몇 개 더 많은지 뺄셈식으로 나타내어 보세요.

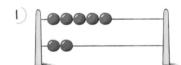

1) $5 - 2 = \underline{}$

2) $\underline{}$

3) $\underline{}$

4) $\underline{}$

4 그림에 알맞은 뺄셈식을 찾아 선으로 잇고 뺄셈을 해 보세요.

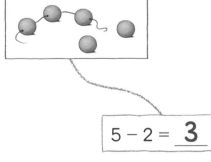

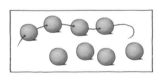

$5 - 2 = \mathbf{3}$

$9 - 6 = \underline{}$

$7 - 3 = \underline{}$

$8 - 4 = \underline{}$

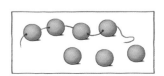

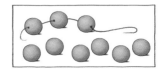

5 남은 풍선의 수를 구해 보세요.

1)

$\underline{9} - \underline{2} = \underline{}$

2)

$\underline{} - \underline{} = \underline{}$

6 말한 수만큼 사탕을 먹으면 몇 개가 남을까요?

1)    2)    3) 3개   4)

5 − 1 = _____ , ___ 개   _____ , ___ 개   _____ , ___ 개   _____ , ___ 개

7 그림에 알맞은 뺄셈식을 찾아 선으로 잇고 빼셈을 해 보세요.

4 − 2 = _____

6 − 2 = _____

9 − 4 = _____

9 − 5 = _____

8 1)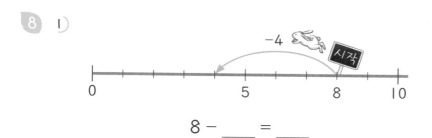

8 − ___ = ___

2)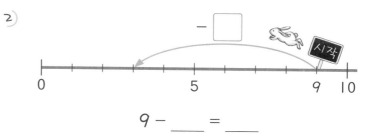

9 − ___ = ___

9 풍선을 ☐ 안의 수만큼 왼쪽으로 옮기려고 해요. 알맞은 위치를 찾아 화살표로 나타내고 식을 찾아 빼셈을 해 보세요.

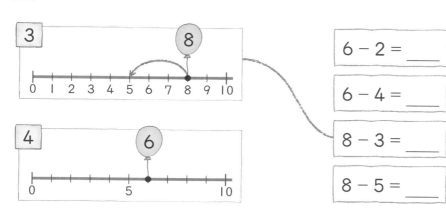

6 − 2 = _____

6 − 4 = _____

8 − 3 = _____

8 − 5 = _____

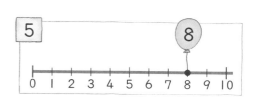

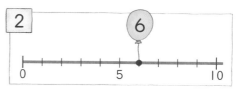

75

뺄셈하기

1

1)

$6 - \underline{\quad} = \underline{\quad}$

2)

$9 - \underline{\quad} = \underline{\quad}$

3)

$\underline{\quad} - \underline{\quad} = \underline{\quad}$

4)

$\underline{\quad} - \underline{\quad} = \underline{\quad}$

5)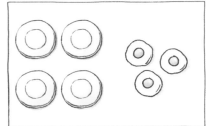

$\underline{\quad} - \underline{\quad} = \underline{\quad}$

6)

$\underline{\quad} - \underline{\quad} = \underline{\quad}$

2 몇 개 더 많을까요? 뺄셈식으로 나타내어 보세요.

1)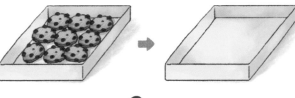

$7 - \underline{\quad} = \underline{\quad}$

2)

$4 - \underline{\quad} = \underline{\quad}$

3)

$8 - \underline{\quad} = \underline{\quad}$

3

1)

$9 - \mathbf{9} = \underline{\quad}$

2)

$3 - \mathbf{0} = \underline{\quad}$

3)

$6 - \underline{\quad} = \underline{\quad}$

4)

$5 - \underline{\quad} = \underline{\quad}$

76

4 ○를 그리고 빼는 수만큼 지워서 뺄셈을 해 보세요.

1)
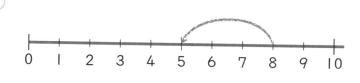

밤 5개 중에서 3개를 먹었어.

○○⌀⌀⌀

$5 - 3 = $ ___

2)
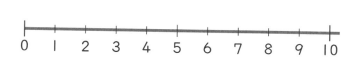

색종이 7장 중에서 4장을 썼어.

___ − ___ = ___

3)

풍선 9개 중에서 3개가 터져 버렸어.

___ − ___ = ___

5 알맞게 표시하여 뺄셈을 해 보세요.

1)
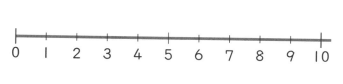

0 1 2 3 4 5 6 7 8 9 10

$8 - 3 = $ ___

2)

0 1 2 3 4 5 6 7 8 9 10

$6 - 4 = $ ___

3)

0 1 2 3 4 5 6 7 8 9 10

$7 - 4 = $ ___

4)

0 1 2 3 4 5 6 7 8 9 10

$9 - 5 = $ ___

6 뺄셈을 할 수 있는 질문을 찾아 ○표 하고, 뺄셈식으로 나타내어 보세요.

1)
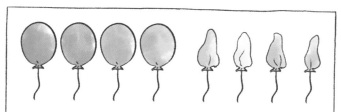

풍선이 모두 8개 있었는데 4개가 터져 버렸어요.

 남은 풍선의 수는 몇 개일까요?

 풍선은 누가 터뜨렸을까요?

_____

2)

7명의 친구들이 함께 놀다가 5명이 집으로 돌아갔어요.

 놀이터에서 무엇을 하며 놀았을까요?

 놀이터에 남은 친구는 몇 명일까요?

_____

뺄셈하기

1 ○를 그리고 빼는 수만큼 지워서 뺄셈을 해 보세요.

1) ⌀⌀⌀⌀⌀⌀⌀ ☐ ☐

$7 - 7 =$ ___

2) ☐☐☐☐☐☐☐☐☐

$4 - 4 =$ ___

3) ☐☐☐☐☐☐☐☐☐

$5 - 0 =$ ___

2 빨간 사탕이 파란 사탕보다 몇 개 더 많은지 뺄셈식으로 나타내어 보세요.

1)

___ − ___ = ___

2)

___ − ___ = ___

3)

___ − ___ = ___

3 딸기가 몇 개 남을까요?

1) �5개 먹을 거야!

$5 - 5 =$ ___ , ___ 개

2) 8개 먹을 거야!

_____ , ___ 개

3) 난 하나도 안 먹을 거야!

_____ , ___ 개

4 1)

$8 - 1 =$ ___
$8 - 2 =$ ___
$8 - 3 =$ ___

2)

$7 - 4 =$ ___
$7 - 5 =$ ___
$7 - 6 =$ ___
$7 - 7 =$ ___

5 1)

5	−	0	=
5	−	1	=
5	−	2	=
5	−	3	=
5	−	4	=
5	−	5	=

2)

4	−	0	=
4	−	1	=
4	−	2	=
4	−	3	=
4	−	4	=

6

$7 \, \ominus 3 \,= \_\_\_$

$6 \ominus 3 = \_\_\_$ $9 \ominus 5 = \_\_\_$

$8 \ominus 4 = \_\_\_$ $5 \ominus 4 = \_\_\_$

$7 \ominus 6 = \_\_\_$ $9 \ominus 2 = \_\_\_$

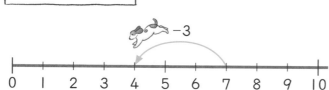

7 주머니에서 구슬을 몇 개씩 꺼냈어요. 주머니 안에 남아 있는 구슬은 몇 개일까요?

1)    2)    3)    4)

$7-5=$ _____, ___개   _____, ___개   _____, ___개   _____, ___개

8 뺄셈을 하여 계산 결과가 적힌 상자의 색으로 칠해 보세요.

$7-4$ $7-2$ $6-3$ $8-3$ $6-4$

$9-6$ $5-0$ $7-5$

$9-4$

$2-0$ $4-2$ $5-2$

9

1)
$5-5 = \_\_\_$
$9-9 = \_\_\_$
$4-0 = \_\_\_$

2)
$8-0 = \_\_\_$
$7-7 = \_\_\_$
$6-0 = \_\_\_$

3)
$4-4 = \_\_\_$
$6-6 = \_\_\_$
$9-0 = \_\_\_$

4)
$1-0 = \_\_\_$
$3-3 = \_\_\_$
$5-0 = \_\_\_$

10

1) 사과가 6개 있었는데 3개를 먹었어요. 사과는 몇 개 남았을까요?

식 _____

 답 ___개

2) 장미 9송이와 튤립 5송이가 있어요. 장미는 튤립보다 몇 송이 더 많을까요?

식 _____

 답 ___송이

여러 가지 뺄셈

1 그림을 보고 두 가지 뺄셈식으로 나타내어 보세요.

1)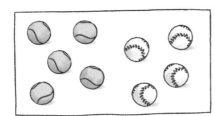

$7 - \mathbf{5} = \underline{\quad}$

$7 - \mathbf{2} = \underline{\quad}$

2)

$9 - \underline{\quad} = \underline{\quad}$

$9 - \underline{\quad} = \underline{\quad}$

3)

$8 - \underline{\quad} = \underline{\quad}$

$8 - \underline{\quad} = \underline{\quad}$

4)

$9 - \underline{\quad} = \underline{\quad}$

$9 - \underline{\quad} = \underline{\quad}$

5)

$5 - \underline{\quad} = \underline{\quad}$

$5 - \underline{\quad} = \underline{\quad}$

6)

$6 - \underline{\quad} = \underline{\quad}$

$6 - \underline{\quad} = \underline{\quad}$

2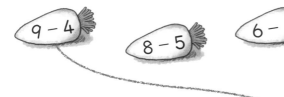

9 – 4   8 – 5   6 – 1   7 – 1   9 – 3   6 – 2   8 – 2

3   5   4   6

3 알맞게 색칠해 보세요.

2   3   4   5   6

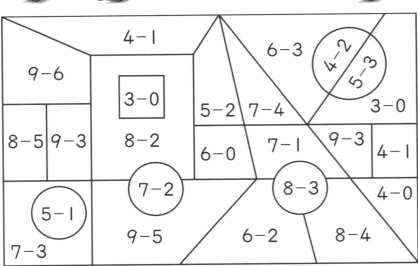

4 – 1
9 – 6
6 – 3
4 – 2
5 – 3
3 – 0
8 – 5   9 – 3   8 – 2   5 – 2   7 – 4   3 – 0
6 – 0   7 – 1   9 – 3   4 – 1
7 – 2   8 – 3   4 – 0
5 – 1
7 – 3   9 – 5   6 – 2   8 – 4

4 뺄셈을 하고 차가 같은 것끼리 선으로 이어 보세요.

$7 - 2 = \underline{\quad}$

$9 - 1 = \underline{\quad}$

$8 - 0 = \underline{\quad}$

$9 - 4 = \underline{\quad}$

$8 - 5 = \underline{\quad}$

$6 - 6 = \underline{\quad}$

$4 - 4 = \underline{\quad}$

$7 - 4 = \underline{\quad}$

1 그림에 알맞은 식을 찾아 ✓표 하고 계산해 보세요.

1)

- ☐ 3 + 3 = ___
- ☐ 6 + 3 = ___
- ☐ 6 − 3 = ___

2)

- ☐ 8 − 2 = ___
- ☐ 2 + 5 = ___
- ☐ 7 − 5 = ___

2

| 8 − 3 = ___ | 6 − 2 = ___ |

| 6 + 2 = ___ | 4 + 4 = ___ |

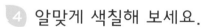

3

| 6 + 3 = 9 |
| 8 − 3 = 5 |
| 7 − 3 = 4 |
| 5 − 2 = 3 |
| 5 + 3 = 8 |
| 5 + 4 = 9 |

4 알맞게 색칠해 보세요.

 4
 5
6
7

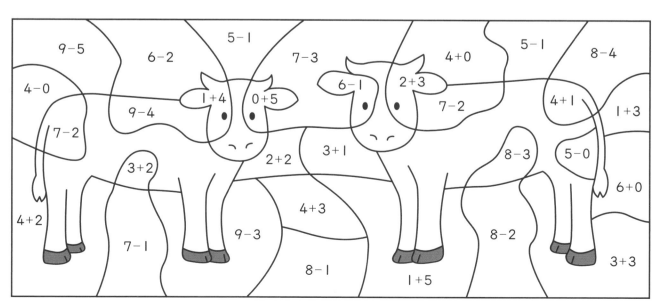

9 − 5   6 − 2   5 − 1   7 − 3   4 + 0   5 − 1   8 − 4
4 − 0   6 − 1   2 + 3
1 + 4   0 + 5   7 − 2   4 + 1
9 − 4   1 + 3
7 − 2   3 + 1   8 − 3   5 − 0
2 + 2   6 + 0
3 + 2
4 + 2   4 + 3   8 − 2
7 − 1   9 − 3   3 + 3
8 − 1   1 + 5

여러 가지 덧셈과 뺄셈

젖소
9 − ___ = ___

말
___ + ___ = ___

양
5 + ___ = ___

고양이
___ + ___ = ___

자루
___ − ___ = ___

아이들
___ + ___ = ___

상자
9 − ___ = ___

닭
___ + ___ = ___

강아지
___ − ___ = ___

오리
___ + ___ = ___

여러 가지 덧셈과 뺄셈

2 합 또는 차를 구하고 그 수가 적힌 과녁판의 색으로 칠해 보세요.

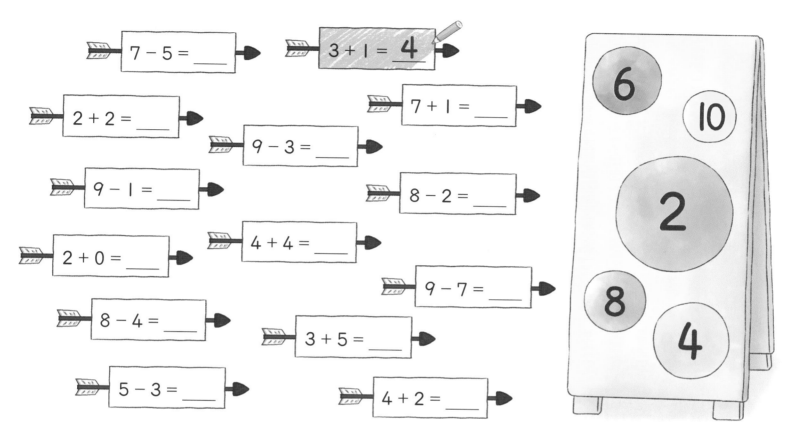

3 합 또는 차를 구하여 알맞은 색으로 칠해 보세요.

● 2보다 작은 수   ● 2보다 크고 4보다 작은 수

● 4보다 크고 7보다 작은 수   ● 7보다 큰 수

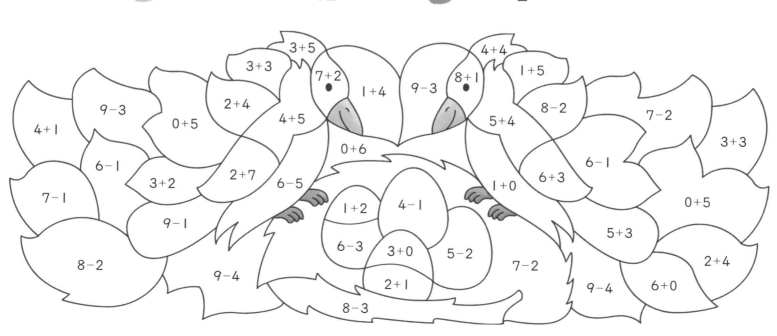